Wir danken für die freundliche Unterstützung
der ESA, European Space Agency
dem Science House, Förderverein Science und Technologie e.V.
Herrn OStR Eberhard Claus

Für meine Eltern und Schwestern. Ihr seid meine Lieblingslebensreisegruppe.
(Ute Löwenberg)

„*Wir haben die Erde nur von unseren Kindern geliehen.*" Für meine Familie.
(Joachim Lerch)

Fotoverzeichnis

Fotos auf den Seiten 20, 93 und Umschlagrückseite
© ESA 2009, European Space Agency

Fotos auf den Seiten 36, 41, 45, 61, 69, 76, 92
© Joachim Lerch

Foto auf der Seite 64
© www.klipsi.com

www.herder.de

Gesamtgestaltung: Weiß-Freiburg GmbH, Graphik & Buchgestaltung
Umschlagmotiv: Angela Fischer-Bick

Herstellung: Proost, Turnhout

Gedruckt auf umweltfreundlichem, chlorfrei gebleichtem Papier
Printed in Belgium
ISBN 978-3-451-70924-1

Joachim Lerch · Ute Löwenberg · Patrick Berger

Die kleinen Klima-Forscher

Eine Abenteuergeschichte mit vielen EXPERIMENTEN

Illustrationen von Angela Fischer-Bick

mit Unterstützung der

esa

HERDER

FREIBURG · BASEL · WIEN

Inhaltsverzeichnis

Liebe Leserinnen und Leser, liebe Vorleserinnen und Vorleser,

dieses Buch widmet sich dem Thema „Klimawandel“. Es soll Kinder an das Thema heranführen, mit dem sie über die Medien oft konfrontiert werden.

Der ganze Themenbereich „Klimawandel“ ist jedoch so komplex, dass dieses Buch nicht den Anspruch erhebt, vollständig darüber informieren zu können. Ziel ist vielmehr, erste Begriffe und Zusammenhänge zu klären und zu versuchen, Kinder zu klimaschonendem Verhalten anzuleiten. Dabei möchten wir auf beängstigende Aussagen und Darstellungen verzichten. Wir haben die wichtigsten Ergebnisse der Klimaforschung berücksichtigt, wissen jedoch, dass tagtäglich neue Erkenntnisse publiziert werden und viele Zusammenhänge auch in der Wissenschaft noch heftig diskutiert werden.

Dieses Buch ist ein Vorlese- und Experimentierbuch. Die Mischung aus Versuchen und Geschichten hat zum Ziel, die Fantasie der Kinder anzuregen, sie aber auch für eigene Aktivitäten zu begeistern.

Auf die folgenden Punkte sollten die betreuenden Eltern, Lehrerinnen und Lehrer sowie Erzieherinnen und Erzieher achten:

- Lesen Sie die Versuchsbeschreibungen genau durch und klären Sie die Begriffe, um Fehler und Frust zu vermeiden.
- Nehmen Sie sich ausreichend Zeit zum Basteln und Experimentieren. Geben Sie den Kindern die Lösungen nicht vor, sondern versuchen Sie, sie gemeinsam mit ihnen zu klären.
- Lassen Sie die Kinder die Experimente selbst vorbereiten und durchführen. Geben Sie nur dort Hilfestellungen, wo dies aus Sicherheitsgründen notwendig ist oder wenn die kleinen Forscher nicht weiterkommen. Erklären Sie den Kindern, welche Materialien und Werkzeuge Sie gemeinsam benutzen und wie man sie richtig einsetzt.

- Schaffen Sie eine geordnete Umgebung. Es sollen nur die Materialien und Werkzeuge bereitliegen, die für den Versuch tatsächlich notwendig sind.
- Wir empfehlen, die Kinder aus Sicherheitsgründen beim Experimentieren nicht allein zu lassen. Die in diesem Buch dargestellten Experimente sich zwar ungefährlich, aber durch unsachgemäße Handhabung von Werkzeugen und Materialien können immer Unfälle geschehen. Beachten Sie die Sicherheitshinweise im Text!

- Wiederholen Sie die Versuche, wenn das Kind es wünscht. Damit verinnerlicht es das Neue viel besser, gewinnt Sicherheit und schafft sich dabei immer wieder neue Erfolgserlebnisse.

Die Experimente vermitteln einfache naturwissenschaftliche Sachverhalte und entwickeln die praktischen Fähigkeiten der Kinder. Sie erkennen Strukturen und trainieren dabei ihre Wahrnehmungs- und Sprachfähigkeit. Der Ansatz dieses Buches ist also ganzheitlich zu sehen.

Wenn ein Versuch nicht auf Anhieb klappt, ist das nicht weiter schlimm, da Kinder auch lernen sollen, dass zum Experimentieren Geduld, Genauigkeit und Konzentration nötig sind. Die Klärung, weshalb ein Versuch vielleicht nicht funktioniert hat, bietet die Chance, die Vorgänge noch genauer zu erfassen und zu hinterfragen. Den Kindern soll dabei Gelegenheit gegeben werden, ihre eigenen Hypothesen vorzustellen.

Bei der Auswahl und Entwicklung der Versuche wurde darauf geachtet, dass möglichst nur solche Materialien eingesetzt werden, die im Haushalt vorzufinden sind und die man leicht im Handel bekommen kann.
Einige wenige Versuche sollten nur im Beisein eines Erwachsenen durchgeführt werden, zum Beispiel wenn mit heißem Wasser experimentiert wird. Weisen Sie die Kinder bitte darauf hin!

Und jetzt viel Spaß beim Forschen!
Euer/Ihr Joachim Lerch

Wiedersehen mit Herrn Armstrong

Opa Pluto, seine Enkelkinder Albertina und Timo sowie deren Freund Schnuppe saßen gerade in Opas Garten und aßen ein Eis, als ein vertrautes Geräusch sie aufschauen ließ. „Da kommt ja Herr Armstrong!", jubelte Timo, sprang auf und lief zum Gartentörchen. Die anderen rannten schnell hinterher und einer nach dem anderen umarmte den kleinen silbrig schimmernden Roboter, der allen mit seinem Metallärmchen auf die Schulter klopfte. „Ich soll euch von Kollege Gagarin grüßen", sagte Herr Armstrong, „er wäre außerordentlich gerne mitgekommen, um die Herrschaften Astronauten wieder mal auf den Bildschirm zu bekommen, ist aber in einer eiligen Angelegenheit von der ESAFKI an den Nordpol berufen worden."

ESAFKI war die Abkürzung von **E**xperimente- und **S**paß-**A**gentur **f**ür **Ki**nder: eine Organisation, die Kinder bei der Umsetzung ihrer Ideen unterstützte. Opa Pluto (der eigentlich Heinrich hieß) hatte in den Sommerferien, die seine Enkelkinder mit ihrem Freund Schnuppe (der eigentlich Jonas hieß) bei ihm verbracht hatten, die Aufmerksamkeit der ESAFKI durch viele schlaue Fragen zum Thema Weltraum auf sich gezogen. Und mithilfe der ESAFKI-Weltraum-Konstruktionsroboter, Herr Armstrong und Gagarin, eine echte Reise zum Mond unternommen. Ihre Rakete PLUTO 1 hatte sie sicher zurück zur Erde gebracht. Seitdem waren Opa und die Kinder mit den Robotern befreundet.

Als sich der erste Begrüßungsrummel gelegt hatte, fiel Albertina auf, dass Herr Armstrong sich ein wenig verändert hatte. Einige neue Messwerkzeuge und ein zusätzliches Schaltpult ließen den sympathischen Kasten komplizierter erscheinen als vorher. „Hey, Herr Armstrong, du siehst irgendwie anders aus", sagte sie daher. Armstrong ließ angeberisch seine Blinklichter in allen Farben aufleuchten. „Sehr richtig, Herrschaften. Ich bin ein wenig besser ausgestattet worden, um für meine neue, wichtige Aufgabe gerüstet zu sein. Darf ich Sie vertraut machen mit meiner neuen Bezeichnung: Experimente-und-Spaß-Agent-Oberkonstrukteur im Klima- und Wettersektor Armstrong. Kurz: Klimaagent Armstrong." Schnuppe kicherte: „Müssen wir dich jetzt Ober-Armstrong nennen?"

Albertina hakte nach: „Wieso Klimaagent – ich dachte, du bist Weltraumagent. Und wieso überhaupt Klima? Was gibt's denn da zu forschen? Wie morgen das Wetter wird, sagen sie doch in den Nachrichten voraus." Opa lachte, aber Armstrong blieb wie immer ernst: „Frau Albertina hat wie jedes Mal viele Fragen. Der Reihe nach, Frage 1: Forschungsorganisationen wie die ESA beobachten mit Satelliten vom Weltall aus das Klima der Erde. Weltall und Klima liegen als Forschungsgebiet also gar nicht so weit auseinander. Frage 2: Klimaforschung wird immer wichtiger, weil sich das Erdklima verändert." Schnuppe nickte eifrig: „Ja, hab ich schon gehört: Es wird wärmer auf der Erde, oder?" Armstrong blinkte und auf seinem Monitor erschien eine zackige Kurve. „So ist es Herr Schnuppe, schon sehr, sehr lange wird an vielen Orten der Erde die Temperatur gemessen und es zeigt sich ein langsamer Anstieg, eine Erwärmung, die die Erde verändern wird." Timo fragte ungläubig: „Wird der Erde Fieber gemessen? So wie bei uns, wenn wir krank sind?" „Ja", sagte Opa, „wenn du so willst. Auf vielen, vielen Wetterstationen auf der ganzen Welt messen Thermometer, wie warm oder kalt es ..." Schnuppe unterbrach Opa: „Wie funktioniert eigentlich so ein Thermometer? Herr Armstrong, kannst du das mal erklären?" Herr Armstrong blinkte erfreut grün auf und auf seinem Monitor erschienen Bilder von einem Glas, einem Strohhalm und anderen Gegenständen: „Da machen die Herrschaften Forscher am besten ein kleines Experiment!"

Klima und Wetter

Frage:

Wie baut man ein Thermometer?

Das brauchst du:

- ein einfaches Glas mit Kunststoffdeckel z. B. ein Senfglas
- einen durchsichtigen Trinkhalm
- Klebstoff (Zweikomponentenkleber oder Heißkleber)
- Lebensmittelfarbstoff
- einen Topf
- einen Bohrer, einen Nagel oder etwas Ähnliches
- etwas Klebestreifen

Zur Vorbereitung:

Das Senfglas wird außen und innen gründlich gereinigt. Bohre mit einem Bohrer oder einem dicken Nagel ein Loch in den Kunststoffdeckel. Es soll gerade so groß sein, dass der Trinkhalm hineinpasst.

Der Trinkhalm wird bis fast ganz unten in das Glas geschoben.

Mit einem Heißkleber oder Zweikomponentenkleber wird der Trinkhalm nun eingeklebt, sodass das Loch dicht ist. Bei dieser Arbeit soll dir ein Erwachsener helfen, weil du dich verletzten könntest.

Wenn der Kleber fest geworden ist, gib etwas Farbstoff in das Glas und fülle es dann mit Wasser bis zum Rand auf. Drücke nun den Deckel vorsichtig auf das Glas, sodass es völlig dicht ist. Achte darauf, dass sich keine Luftblasen im Glas befinden! Wenn kein oder zu wenig Wasser im Trinkhalm zu sehen ist, kannst du oben ein klein wenig hinzugeben. Wenn das Wasser etwa in der Mitte steht, ist es richtig.

Nun geht's los:

Nimm einen kurzen Klebstreifen und klebe ihn an die Stelle, wo das Wasser im Trinkhalm steht. Jetzt kann der Versuch beginnen: Stell zuerst dein Thermometer in den Kühlschrank (nicht ins Gefrierfach!) und warte etwa eine Stunde. Hol das Thermometer heraus und prüfe, wo das Wasser nun im Trinkhalm steht.

Jetzt kannst du das Thermometer in einen Topf stellen und langsam heißes Wasser dazugießen. Aber Achtung! Verwende kein kochendes Wasser, sondern nur heißes Wasser aus dem Wasserhahn. Du kannst dich sonst verbrühen! Beobachte, wie das Wasser jetzt im Thermometer steht. Sei geduldig, es braucht etwas Zeit.

Erklärung:

Flüssigkeiten wie Wasser, Alkohol, Öl usw. dehnen sich beim Erhitzen aus. Und weil das Wasser im Glas unten nicht mehr genug Platz hat, steigt es im Trinkhalm nach oben.
Beim Abkühlen zieht es sich wieder zusammen und der Wasserstand sinkt. Diese Eigenschaft nutzt man, um Temperaturen zu messen. Heute verwendet man häufig elektronische Thermometer. Sie zeigen die Temperatur meist schneller und zuverlässiger an.

Wetterstation PLUTo

„Du, Herr Armstrong“, meinte Albertina, „wenn's auf der Erde wärmer wird, ist das doch Teil vom Wetter, oder? Müsstest du dann nicht eigentlich Wetteragent Armstrong und nicht Klimaagent heißen?“ Herr Armstrong holte weit mit seinem Ärmchen aus und begann einen längeren Vortrag: „Ich als Klima-Forschungs-Roboter bin weitgehend unabhängig vom Wetter. Mein neues Spezialgehäuse ist wasserdicht und ich bin von plus 70 bis minus 60 Grad Celsius getestet. Mir wurden mehrere Windstabilisatoren eingebaut und…“ Schnuppe lachte: „Ja, ja, Herr Armstrong, wir haben schon verstanden. Seit deiner Beförderung zum Klimaagenten bist du der Größte.“ Opa warf ihm einen strengen Blick zu und versuchte den beleidigt verstummten Armstrong zu beruhigen: „Herr Armstrong, es scheint einen Unterschied zwischen Wetter und Klima zu geben, den wir noch nicht ganz verstanden haben. Wären Sie als Spezialist so nett, uns den mal zu erklären?“ Herr Armstrong war noch etwas beleidigt, was man daran merkte, dass er mit dunklem Monitor und ohne ein einziges rotes Blinken für seine Verhältnisse knapp antwortete: „Selbstverständlich, Antwortenfinden ist meine Aufgabe. Wetter kennen Sie: Regen, Schnee, Gewitter, Sturm, Sonnenschein, schwüle Hitze und so weiter. Wetter findet immer an einem bestimmten Ort und zu einem bestimmten Zeitpunkt statt. Klima aber ist der Ablauf von Wetter über einen langen Zeitraum hinweg.“ „Heißt das, unser heutiges Wetter ist ein Puzzleteil vom Klima in unserem Land? Und das wiederum ist ein Puzzleteil vom Klima in der ganzen Welt?“, fragte Opa. Armstrong bejahte: „Richtig, Wetter wird in vielen Wetterstationen der Welt gemessen und aufgezeichnet. Und aus diesen Aufzeichnungen kann man dann Entwicklungen über Jahre, Jahrzehnte und Jahrhunderte hinweg beobachten.“

Albertina sagte: „Dann will ich auch eine Wetterstation haben." „Au ja", rief Timo, „wir werden Wetterbeobachter und Klimaforscher." „Warum nicht?", sagte Opa und war Feuer und Flamme, „in meinem Garten können wir bestimmt eine kleine Messstation errichten, was meinen Sie, Herr Armstrong?" Herr Armstrong kam jedoch nicht mehr dazu zu antworten, weil ein aufgeregter anderer Roboter auf seinem Monitor erschien und versuchte auf sich aufmerksam zu machen. „Da ist Gagarin auf deinem Schirm, Herr Armstrong!", rief Schnuppe, „schalt ihn mal laut, ich glaube, er will uns was sagen." Der Roboter-Kollege von Herrn Armstrong stand auf einer weißen Schneefläche neben Menschen, die in solch dicke Schneeanzüge gehüllt waren, dass man ihre Gesichter nicht erkennen konnte. Sie winkten, als die Kinder und Opa lauthals „Gagarin, Gagarin, juhu, hallo!" riefen. Dann flimmerte das Bild, wurde gräulich und zerfiel schließlich ganz. Armstrongs Elektronik arbeitete so angestrengt an einer erneuten Kontaktaufnahme, dass sogar ein leises Brummen zu hören war. „Ich bekomme keine Verbindung – merkwürdig", sagte er. Dann wandte er sich an Opa und die Kinder und bat darum, sich ein wenig zurückziehen zu können, um entweder direkt oder über die ESAFKI-Zentrale Kontakt zu Gagarin aufzunehmen. Gleichzeitig kam aus einem unsichtbaren Schlitz in seiner Seite ein bedrucktes Blatt Papier heraus. „Wenn die Herrschaften Wetterstationsbauer sich so lange schon einmal einen Regenmesser für die Garten-Wetterstation PLUTO bauen wollen: Hier ist der Konstruktionsplan."

Klima und Wetter

Frage:

Wie baut man einen Regenmesser?

Das brauchst du:

- eine leere Plastikflasche
- eine Schere
- einen Messbecher
  (eine klare Flasche geht auch)
- kleine runde Aufkleber
  (oder einen wasserfesten Filzstift)

Zur Vorbereitung:

Zu Beginn schneidest du den oberen Teil der Getränkeflasche vorsichtig mit der Schere ab. Um zu verhindern, dass du dich schneidest, bitte deine Eltern, dir zu helfen.

Nun geht's los:

Drehe den oberen Teil der Flasche herum und setze ihn in ein hohes Trinkglas. Nun ist dein Regenmesser fertig. Stelle ihn an einen Ort, wo es hinregnen kann. Um zu vermeiden, dass das aufgefangene Regenwasser schnell wieder verdunstet, sollte dein Regenmesser an einem schattigen Ort stehen.

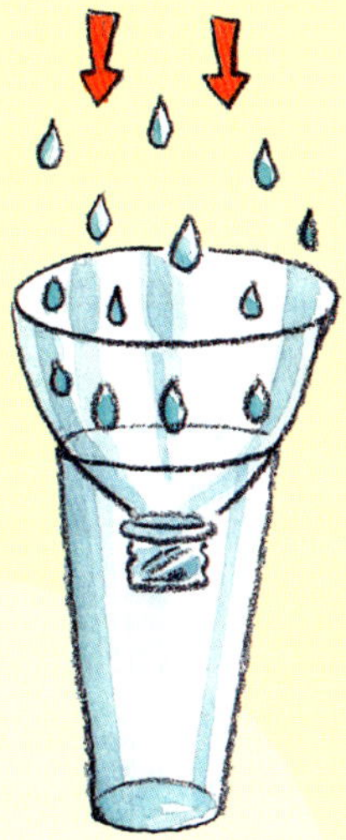

Am Tag darauf – genau zur gleichen Uhrzeit – kannst du nun nachprüfen, wie viel es geregnet hat. Hierzu leerst du den Inhalt des Glases in einen Messbecher, den man in der Küche finden kann. Mit einem Stift zeichnest du einen Punkt an die Stelle, wo das Wasser steht. Man kann hierfür auch Klebepunkte nehmen.

Stelle den leeren Regenmesser nun wieder draußen an die gleiche Stelle und warte wieder einen Tag. Etwa zur gleichen Uhrzeit wiederholst du die Messung. Nun kannst du gut vergleichen, wie sich die Regenmenge in den vergangenen Tagen verändert hat.

Erklärung:

Das Wetter ändert sich bei uns ständig. Es gibt Tage mit und ohne Regen. Es gibt Jahreszeiten, in denen es etwas mehr regnet und andere, die trockener sind.
Der Regenmesser hilft, die Menge an Regenwasser festzustellen. Mit dem Trichter können wir verhindern, dass Tiere das Wasser austrinken und dass Wasser durch Verdunsten verloren geht. Das würde ja die Messung verfälschen.

Klima und Wetter

Frage:
Wie schnell ist Wind?

Meteorologen sind Wissenschaftler, die sich mit dem Wetter beschäftigen. Um eine Wettervorhersage geben zu können, müssen sie neben Temperatur und Windrichtung auch wissen, wie stark die Winde sind. Mit diesem Versuch kannst du dir einen eigenen Windmesser bauen.

So sieht ein Orkan aus dem Weltall aus. Er dreht sich wie ein Wasserstrudel in der Badewanne. Die Luft in einem Orkan kann so schnell sein wie ein Auto auf der Autobahn, also mehr als 120 km/h.

Das brauchst du:

- eine Schere
- vier kleine Pappbecher, einer mit farbiger Markierung
- einen wasserfesten Stift
- zwei Streifen feste Pappe (jeweils ca. 20cm x 4cm)
- ein Lineal
- ein Heftgerät
- eine Stecknadel
- einen Bleistift mit Radiergummi (oder einen Holzstab)
- eine Uhr mit Sekundenzeiger
- eine durchbohrte Perle (falls du eine hast)

Zur Vorbereitung:

Schneide die oberen Ränder bei allen Bechern gleichmäßig ab. Bemale einen der Becher von außen mit einem wasserfesten Stift.

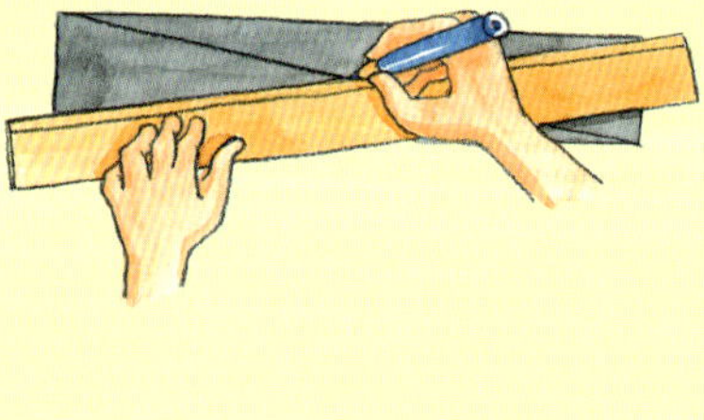

Schneide zwei Pappstreifen aus (20 cm lang, 4 cm breit). Verbinde die gegenüber liegenden Ecken der Streifen mit einer Linie. Wo die Linien sich treffen, ist der Mittelpunkt.

Steche mit der Nadel im Mittelpunkt ein Loch. Lege beide Streifen genau senkrecht aufeinander und klebe sie zusammen.

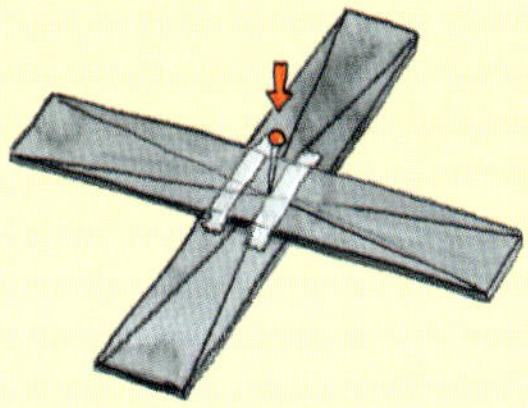

Mit einem Heftgerät befestigst du nun die vier Becher am Pappkreuz.

Jetzt klebe einen Bleistift mit Radiergummi an eine Milchtüte, die mit Wasser gefüllt ist.

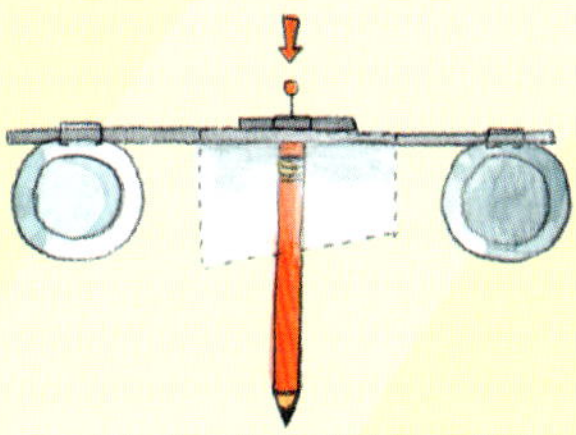

Setze das Drehkreuz oben drauf, indem du die Stecknadel in den Radiergummi stichst. Wenn du eine durchbohrte Perle zur Hand hast, füge diese zwischen Radiergummi und Pappkreuz ein. Dadurch wird die Reibung verringert.

Nun geht's los:

Stell den Windmesser in den Wind. Mit einer Uhr stoppst du genau eine Minute. Währenddessen zählst du die Anzahl der Drehungen. Der farbige Becher hilft dabei. Notiere deine Ergebnisse an verschiedenen Tagen und vergleiche sie anschließend.
Wiederhole diesen Vorgang an verschiedenen Plätzen. Zum Beispiel im Garten, in der Schule, auf einem Hügel oder einem Berg. Vergleiche dann die Ergebnisse miteinander.

Erklärung:

Wenn der Wind bläst, wird er in deinen Bechern aufgefangen und drückt diese vor sich her. Weil die Becher an der Pappe festgemacht sind, können sie sich aber nur im Kreis drehen. Es ist immer ein Becher in der richtigen Position, um den Wind aufzufangen. Daher dreht sich dein Windmesser immer wieder im Kreis.
Einen Windmesser kann man auch nutzen, um die besten Plätze für Windräder zur Stromerzeugung zu finden.

Tomaten züchten am Nordpol?

Tatsächlich schafften es Opa Pluto und die drei Kinder, sich einen wirklich guten Windmesser auszudenken und zu bauen, aber kaum drehte er sich im Garten, wusste keiner mehr, was er mit sich anfangen sollte vor Aufregung. Warum meldete sich Herr Armstrong nur nicht? Sie wollten ihm doch unbedingt erzählen, dass alle zur Suchexpedition am Nordpol mit durften. „Nein, wir sind nicht verrückt“, hatte Opa am Ende des Telefongesprächs mit Schnuppes Mutter lachend gesagt. Alle kicherten. Das kannten sie schon. Die anderen Erwachsenen würden nie solche waghalsigen Ausflüge unternehmen wie Opa mit den Kindern. Aber zumindest waren die Eltern mittlerweile davon überzeugt, dass nichts Schlimmes passieren würde. Vor allem nicht, wenn die ESAFKI-Roboter Herr Armstrong und Gagarin dabei waren.

Endlich klingelte das Telefon. Weil Opa in der Küche war, ging Albertina ran. „Bei Opa Pluto, äh, Heinrich Hartriegel“, sagte sie und dann. „Ach, du bist es, Herr Armstrong. Stell dir vor: Wir dürfen mit. Alle! Super oder? Gibt’s Neues von Gagarin?“ Offenbar redete Herr Armstrong eine Menge, denn Albertina sagte außer „mhhh“ eine ganze Weile gar nichts. Dann rief sie: „Alle mal herhören. Ist irgendwer gewachsen seit der Messung vor dem Mondflug? Es geht um die Größe der Polaranzüge.“ Alle schüttelten den Kopf. Albertina sagte noch ein paarmal „mhh, mhh“ und dann: „Ja, gut, Herr Armstrong, wir bereiten alles vor. Ja, ich sag’s Opa. Bis morgen dann. Tschüss.“ Die anderen blickten

Albertina gespannt an, die von ihrem Gespräch mit Armstrong berichtete: „Gagarin ist mit zwei Klimaforschern auf einer treibenden Eisscholle im Polarmeer geortet worden. Ich hab nicht ganz verstanden, was die da machen. Irgendwas mit Treibhaus... Ein Treibhaus ist doch ein Gewächshaus, oder?“ Schnuppe guckte ungläubig: „Wie, die bauen da ein Treibhaus? Damit Tomaten und Orangen besser wachsen, oder warum?“ Opa lachte: „Das glaub ich eher nicht. Für Obst- und Gemüseanbau – selbst in Gewächshäusern – ist es ein bisschen kalt am Nordpol. Hat Herr Armstrong vielleicht gesagt, dass sie den Treibhaus*effekt* erforschen? Das würde nämlich zu den Klimaforschern passen.“ Albertina nickte ungeduldig: „Ja, kann sein, dass er Treibhauseffekt gesagt hat.“ „Und was soll das sein?“, fragte Schnuppe. Opa überlegte und sagte dann: „Also, genau kenne ich mich da nicht aus. Es hat was damit zu tun, dass die Sonnenwärme durch die Erdatmosphäre auf der Erde festgehalten wird und nicht ins Weltall verschwindet.“ „Ja“, sagte Albertina, „von der Erdatmosphäre hat Herr Armstrong auch gesprochen, wir sollen uns mal darüber schlaumachen.“ „Als ob wir nicht wüssten, dass die Atmosphäre die Lufthülle um die Erde rum ist“, sagte Schnuppe, fast ein wenig beleidigt. An dieser Stelle stampfte plötzlich Timo mit dem Fuß auf. „Ihr quatscht und quatscht. Ich will jetzt endlich wissen, was mit Gagarin und den Forschern los ist!“ „Ja klar, das hab ich euch ja noch gar nicht erzählt“, rief Albertina. „Sie kommen von ihrer Eisscholle nicht mehr weg, weil ein Teil ihrer Ausrüstung mit einem Stück der Eisscholle abgebrochen ist. Allen geht's gut und sie haben auch noch das Wichtigste, was sie zum Überleben brauchen. Trotzdem will Herr Armstrong schnell los. Und jetzt haltet euch fest: Schnell heißt morgen früh! Um 8 Uhr steht er mit dem Kliprozobil und jeder Menge passender, warmer Polarkleidung für uns bei Opa Pluto vor der Tür!“ Und als sie Timos fragendes Gesicht sah, fügte sie hinzu. „Nein, was ein Kliprozobil ist, weiß ich leider auch nicht.“

Himmel und Luft

Frage:
Warum kommt die Erde ins Schwitzen?

Die Atmosphäre der Erde funktioniert wie ein guter Pullover. Unsere Hülle aus Luft sorgt dafür, dass die Erde einigermaßen gleichmäßig erwärmt wird. Ohne sie wäre es kalt und ungemütlich und Leben könnte auf unserem Planeten nicht weiter existieren.
Aber wie schafft die Atmosphäre das?

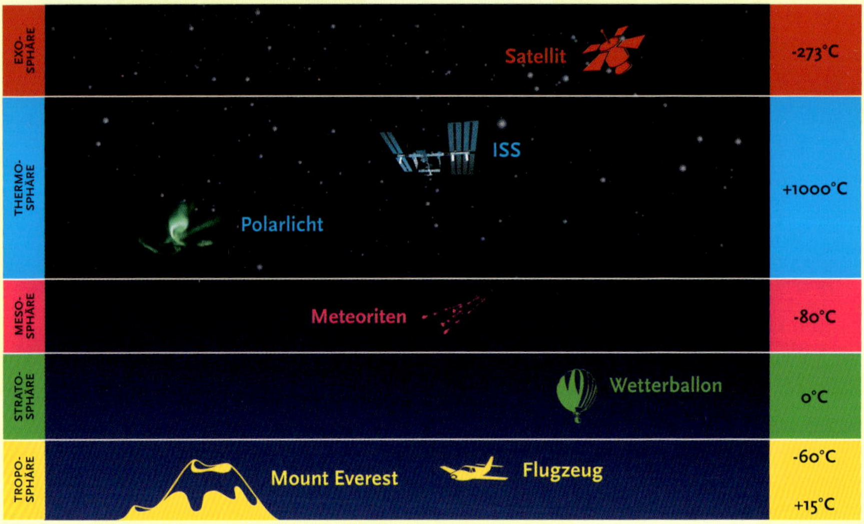

Das brauchst du:

- zwei kleine Marmeladengläser
- eine durchsichtige Vase oder ein Einmachglas
- zwei gleich große Eiswürfel
- ein DIN-A4-Blatt schwarze Pappe oder Papier
- eine Schere
- Klebestreifen

Zur Vorbereitung:

Bereite einige Eiswürfel vor.

Achtung! Dieser Versuch sollte bei Sonnenschein durchgeführt werden.

Nun geht's los:

Schneide von der schwarzen Pappe zwei gleich große Stücke ab und rolle sie etwas ein. Sie müssen jeweils in die Marmeladengläser passen. Die schwarze Pappe soll das dunkle Erdreich darstellen.
Klebe die beiden Pappstücke mit Klebestreifen an die Innenwände der Gläser, sodass ein Spalt bleibt, durch den Sonnenlicht zu den Eiswürfeln gelangen kann (vgl. Abbildung).

Lege nun in beide Marmeladengläser je einen Eiswürfel. Über eines der beiden Gläser stellst du die Vase.
Stelle dann beide Gläser in die Sonne, das eine mit, das andere ohne die Vase. Welcher Eiswürfel schmilzt zuerst?

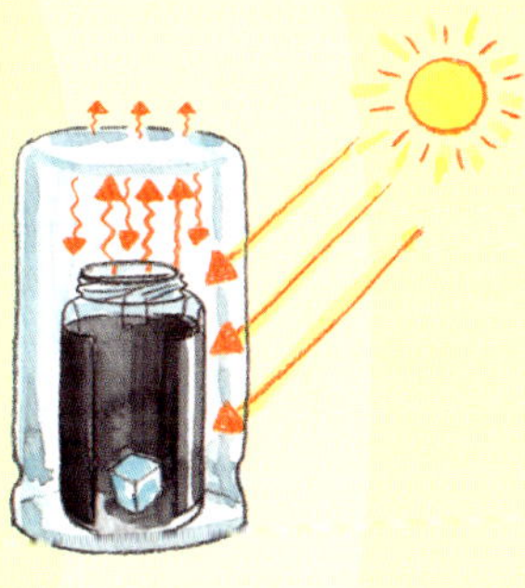

Erklärung:

Die Luft im Glas unter der Vase wird wärmer als die Luft im freistehenden Glas. Das liegt daran, dass die erwärmte Luft nicht nach oben aus der Vase entweichen kann. Außerdem kann das Sonnenlicht zwar durch das Glas der Vase hindurch und erwärmt dadurch den schwarzen Karton. Die vom Karton wieder abgestrahlte Wärme kann die Vase aber nicht mehr verlassen und bleibt „gefangen". Die Vase stellt also ein Modell für ein Treibhaus dar. Diesen Effekt nennt man daher „Treibhauseffekt".
Ähnliches geschieht auch in der Erdatmosphäre. Das Sonnenlicht durchdringt die Atmosphäre und erwärmt die Erde. Ein Teil der Wärme wird wieder in den Weltraum zurückgestrahlt. Der andere Teil wärmt die Atmosphäre auf, weil bestimmte Gase die Wärme absorbieren („verschlucken"). Dazu gehört auch das CO_2, das beim Verbrennen in Autos und Kraftwerken entsteht. Auch dies nennt man Treibhauseffekt, weil ein Teil der Wärmestrahlen die Atmosphäre nicht verlassen kann.
Viele Wissenschaftler befürchten, dass unsere Atmosphäre immer wärmer wird, weil wir immer mehr Kohlenstoffdioxid (CO_2) in die Luft blasen.

Im Kliprozobil durch die Wolken

Nach einer kurzen Nacht – alle mussten noch packen, mit Eltern und Freunden sprechen und konnten dann vor Nordpol-Reisefieber doch nicht einschlafen – wussten sie endlich, was ein Kliprozobil war. Pünktlich um 8 Uhr war Herr Armstrong nämlich damit vorgefahren und jetzt scharten sich Eltern, Kinder und Opa im Inneren des geräumigen, eiförmigen Gefährts um Herrn Armstrong. Das Gepäck war schon verstaut. Die Mutter von Albertina und Timo unterhielt sich noch mit Herrn Armstrong, während ihr Mann und Schnuppes Mutter schon beim Verabschieden waren. „Das klingt total verrückt", sagte sie zu Armstrong, „das Kliprozobil kann also tatsächlich fliegen, schwimmen und fahren! Und das auch noch automatisch." Armstrong nickte stolz: „Ja, unsere Klimaproblemzonenmobile, denn dafür steht die Abkürzung Kliprozobil, sind wie gemacht für die Klimaforschung in allen Klimagebieten der Welt. Schauen Sie, dort haben wir ein kleines Laboratorium für unsere Wissenschaftler und überall außen und innen sind Messapparaturen angebracht." Er schwärmte gerade von Eisbrechern und speziellen Ausstattungselementen für Regenwald und Wüste, als auf seinem Monitor ein grüner Pfeil erschien, der nach oben zeigte, und ein Gong ertönte. „Ich erfahre soeben von der ESAFKI-Zentrale: Zurzeit bestehen optimale Flugbedingungen, wir sollten in Kürze abheben." Armstrong zeigte einladend auf die insgesamt sieben Sitzplätze unter der durchsichtigen Kuppel und forderte seine vier Mitreisenden zum Hinsetzen und Anlegen der Gurte auf. „Sie muss

ich jetzt bitten, das Kliprozobil zu verlassen“, wandte er sich an die Eltern. „Wir bleiben aber jederzeit wie vereinbart mit Ihnen in Verbindung.“ Alle drückten noch mal alle, bevor sich die Tür leise hinter den Eltern schloss. „Bereit zum Abheben?“, fragte Herr Armstrong und startete, als ein vierstimmiges „Bereit“ erklang, das Kliprozobil. Die Rotorblätter auf dem Dach begannen sich immer schneller zu drehen, bis sich das Flugei, wie Timo es sofort getauft hatte, erstaunlich lautlos in die Luft erhob. „Ich werd verrückt“, rief Schnuppe, „wir sind schon über den Bäumen.“ „Und da, da unten stehen Mama und Papa und winken!“, sagte Albertina staunend, „jetzt sind sie überhaupt nicht mehr zu erkennen, so schnell steigen wir!“ Opa lehnte sich behaglich zurück: „Ich muss schon sagen, Herr Armstrong, deutlich bequemer als die Mondrakete! Und es rüttelt auch gar nicht.“ Herr Armstrong antwortete nicht sofort, sondern drückte in schneller Reihenfolge einige Knöpfe und Schalter. Dann wandte er sich zufrieden bunt blinkend an Opa: „Allerneuste Spitzentechnik. Ich darf mich rühmen, einen nicht unerheblichen Beitrag zu diesem …“ Auf Armstrongs Monitor erschien das Bild des Kliprozobils, an dessen Seite langsam Flügel herausfuhren. „Ah“, sagte Armstrong, „wir haben Flugzeughöhe erreicht, ab jetzt fliegen wir wie ein Flugzeug und nicht mehr wie ein Hubschrauber.“ Schnuppe und Albertina zeigten aufgeregt aus dem Fenster: „Opa, Timo, schaut mal: uns wachsen Flügel.“ Tatsächlich hatte das Kliprozobil seitlich große, silbrige Teleskopflügel ausgefahren. Armstrong blinkte vergnügt in die Runde: „Jetzt geht’s los durch die Wolken.“ „Aus was sind eigentlich Wolken, dass man da so einfach durchfliegen kann und nicht dagegenknallt?“, fragte Timo, als sie von oben im strahlenden Blau auf die weiße Wolkenlandschaft herunterblickten. „Aus Wasser“, antwortete Herr Armstrong und ließ auf einem Monitor unterhalb der Decke ein kleines Schaubild erscheinen, das mit „Wasserkreislauf“ beschriftet war. „Ich denke, es ist an der Zeit, den Herrschaften Klimaforschern etwas über den Wasserkreislauf der Erde zu erzählen.“

Himmel und Luft

Frage:
Wie funktioniert der Wasserkreislauf?

Warum läuft das Meer nicht über, wenn doch alle Flüsse dort münden? Und weshalb trocknen die meisten Flüsse nicht aus, obwohl ihr Wasser ins Meer abfließt?

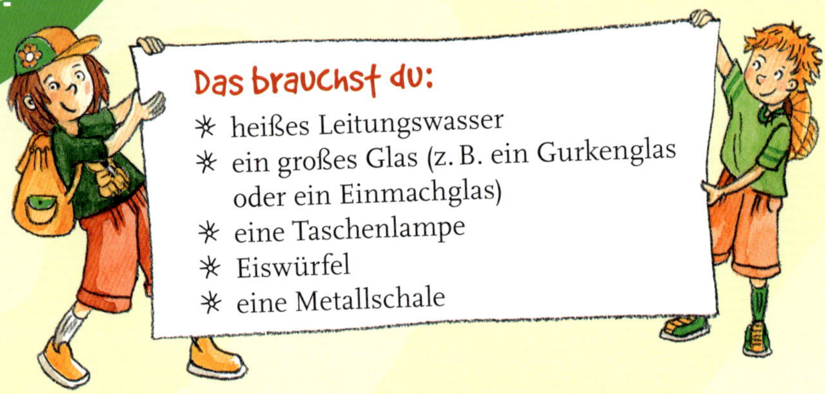

Das brauchst du:

- heißes Leitungswasser
- ein großes Glas (z. B. ein Gurkenglas oder ein Einmachglas)
- eine Taschenlampe
- Eiswürfel
- eine Metallschale

Zur Vorbereitung:

Befülle eine Metallschale mit Wasser und stelle sie mehrere Stunden in den Gefrierschrank.

Nun geht's los:

Zur Durchführung dieses Versuchs gehst du am besten in einen dunklen Raum, um gute Ergebnisse zu bekommen.

Hole zuerst die Eisschale aus dem Gefrierschrank. Fülle dann das große Glas zu einem Drittel mit heißem Leitungswasser. Stell gleich danach die kalte Eisschale oben drauf. Nun leuchte mit der Taschenlampe seitlich gegen das Glas. Was kannst du beobachten?

Erklärung:

Das warme Wasser verdunstet im Glas und steigt nach oben. Die warme Luft über der Wasseroberfläche nimmt viel Wasser in Form von Wasserdampf auf. Sie ist hier also besonders feucht. An der kalten Unterseite der Eisschale kühlt die feuchte, warme Luft sehr schnell wieder ab und es entsteht eine kleine Wolke. Der Wasserdampf wird wieder zu winzig kleinen Tröpfchen, aus denen die Wolke besteht. Das Gleiche geschieht in unserer Atmosphäre. Warme Luft kann über dem Meer viel Wasserdampf mit nach oben nehmen. Hoch oben in der Atmosphäre kühlt der Wasserdampf ab. Wie im Versuch bilden sich Wassertröpfchen und damit Wolken. Durch Winde werden diese dann übers Land geweht. Wenn die Wolken zum Beispiel an einem Gebirge aufsteigen, kühlen sie weiter ab. Dadurch entstehen noch mehr Tröpfchen, die sich zu großen Tropfen zusammenschließen. Diese fallen dann als Regen zur Erde. Das Regenwasser fließt wieder über die Flüsse ins Meer zurück und der Kreislauf beginnt von Neuem.

Schokoeis, die Titanic und überlaufende Badewannen

Das Kliprozobil näherte sich rasch der Arktis, wie die Passagiere auf dem Monitor über ihnen sehen konnten, auf dem sich ein kleiner roter Punkt vorwärtsbewegte. „Herr Armstrong“, fragte Albertina, „warum sind Gagarin und die Klimaforscher überhaupt zum Nordpol gefahren, ich dachte, da gibt’s nur Eisbären und Eisbärenfutter?“ Herr Armstrong war in seinem Element, was man an seinem vielfarbigen Aufblinken sah: „Die Forscher und Gagarin haben eine gute Stelle für eine Arktis-Forschungsstation gesucht. Die Polarregionen im Norden und im Süden der Erde sind ganz besondere Stellen für die Klimaforschung. Unter anderem weil ihr Eis durch die zunehmende Erderwärmung gefährdet ist.“ Timo unterbrach den Redefluss des Roboters: „Klar, Eis schmilzt, wenn’s zu warm ist.“ Traurig fügte er hinzu: „Letzten Sommer hab ich von meinem eigenen Taschengeld drei Kugeln Schokoeis gekauft, und dann ist die Hälfte runtergefallen, weil es so warm war und ich gar nicht schnell genug schlecken konnte.“ Albertina grinste schadenfroh zu ihrem Bruder rüber und sagte boshaft: „Kommt ja nicht so oft vor, dass du beim Essen zu langsam bist!“ „Timos Beispiel mit dem Eis war doch wirklich gut“, versuchte Opa zu schlichten. Auch Armstrong mischte sich ein: „In der Tat. Herr Timo hat völlig recht. Eis in jeder Form schmilzt bei Erwärmung. Egal ob es sich um Schokoladen- und Erdbeereis aus einer Eisdiele oder um die gewaltigen Eisflächen und Eisberge von Nord- und Südpol handelt.“ Schnuppe dachte sofort an den Eisberg, der das Riesenschiff Titanic zum Untergehen gebracht hatte, und fand es gar nicht so schlecht, wenn die gefährlichen Eisberge mit ihren gewaltigen, unsichtbaren Eismassen unter Wasser schmelzen würden: „Dann wäre es für die Seeleute doch viel sicherer“, meinte er zu den anderen. Albertina runzelte die Stirn, weil sie so angestrengt nachdachte: „Würde denn nicht auch das Meer überlaufen wie eine Badewanne, wenn jetzt durch die Klimaerwärmung alle Eisberge schmelzen?" „Ja genau", meinte auch Opa, „das viele zusätzliche Wasser würde doch sicher Städte und Gegenden an der Küste überschwemmen?" „Gut gedacht, stimmt aber trotzdem nicht", setzte Herr Armstrong zu einer Erklärung an, als im gleichen Moment der bewegte, rote Punkt auf dem Monitor durch ein Bild des Kliprozobils ersetzt wurde, bei dem langsam die Teleskopflügel eingefahren wurden. Der Gong ertönte wieder und leise vibrierend setzten sich die Rotorblätter in Bewegung, während das Kliprozobil für Opas Geschmack viel zu schnell in Richtung Erde sank. „Wir nähern uns unserem Ziel, Herrschaften Klimaforscher. Wenn das Kliprozobil eine stabile Eisfläche für die Landung gefunden hat, bleibt Ihnen Zeit genug, um die Polaranzüge anzulegen, ohne die Sie in der Eiswüste verloren wären. Und selbstverständlich habe ich gespeichert, dass wir einen kleinen Versuch nachholen müssen, der Ihnen zeigt, dass schmelzende Eisberge das Meer nicht überlaufen lassen. Aber jetzt genießen Sie Ihre Ankunft im Eis!" Durch die großen Panoramascheiben sahen Opa und die Kinder die unendliche weiße Welt der Arktis immer näher kommen.

Wasser, Eis und Meer

Frage:
Was passiert, wenn Eisberge schmelzen?

In der Arktis brechen immer wieder Eisberge von großen Gletschern und Eisfeldern ab und treiben im Meer davon. Steigt der Meeresspiegel an, wenn Eisberge schmelzen?

Das brauchst du:

- einen kleinen Kindereimer oder einen großen Joghurtbecher
- eine große Salatschüssel
- Wasser
- das Gefrierfach des Kühlschranks/Kühltruhe
- einen Hammer

Zur Vorbereitung:

Fülle den Kindereimer/Joghurtbecher mit Wasser und stelle ihn einen Tag ins Gefrierfach.

Nun geht's los:

Hol den Eisblock aus dem Eimer heraus. Wenn du willst, kannst du ihn mit dem kleinen Hammer zu einem Eisberg formen.

Nimm anschließend den Eisberg und lege ihn in die Salatschüssel.

Gieße nun so viel Wasser nach, bis dein Eisberg zu schwimmen beginnt. Beobachte, wie viel von deinem Eisberg sich unter der Wasserlinie befindet.

Markiere mit einem Filzstift den Wasserstand an der Außenwand der Schüssel oder miss die Wassertiefe mit einem Lineal. Beobachte, ob der Wasserstand steigt, wenn der Eisberg schmilzt.

Erklärung:

Wasser gibt es in verschiedenen Zuständen: flüssig, fest als Eis oder gasförmig als Dampf in der Luft. Dabei hat Wasser die Eigenschaft „leichter" zu werden, wenn es gefriert. Deshalb kann dein Eisberg im Wasser schwimmen.
Durch den Klimawandel erwärmt sich die Luft der Atmosphäre und das Wasser der Meere. Daher befürchten viele Wissenschaftler, dass große Mengen Eis im Meer schmelzen werden. Wie auch dein Versuch zeigt, führen schmelzende Eisberge nicht zum Ansteigen des Meeresspiegels und zum Überfluten von Küstenstädten.

Richtige Eisberge können viele Tonnen wiegen und schwimmen dennoch im Meer. Der größte Anteil (9 von 10 Teilen) liegt allerdings immer unter Wasser.
Wenn Wasser zu Eis wird, dehnt es sich aus. Daher platzen beispielsweise auch verschlossene Wasserflaschen im Gefrierfach. Das Eis nimmt jetzt mehr Rauminhalt (Volumen) ein – es braucht mehr Platz. Dennoch bleibt das Gewicht des Eises gleich, es ist ja nichts hinzugekommen.
Wenn man nun den Eisbrocken ins Wasser wirft, schwimmt er: Ein Teil ist unter Wasser, ein Teil ragt heraus. Er verdrängt dann genau so viel Wasser, wie in ihm enthalten ist. Bei Erwärmung schmilzt der Eisbrocken. Der Wasserspiegel steigt jedoch nicht an, weil das entstehende Wasser genauso viel Volumen benötigt, wie der Eisbrocken zuvor verdrängt hat.

Schnee-Engel in heller Nacht

„Wer macht den besten Schnee-Engel?", rief Timo, als sie später dick in ihre Polaranzüge eingepackt glücklich in Schnee und Eis rumtollten. Armstrong hatte seine Räder, mit denen er normalerweise durch die Gegend rollte, durch eine Art Schneeketten ausgetauscht und machte lustige Spuren im Schnee. Nachdem sich die Kinder in den Schnee gelegt und mit Armen und Beinen Schnee-Engel in den Schnee geflattert hatten, fiel ihnen auf, wie merkwürdig das Licht war. Sie wussten von der großen Uhr im Kliprozobil, dass es ziemlich später Abend war. Es wurde aber nicht richtig dunkel. Armstrong erklärte ihnen, dass an den Polen der Erde die Sonne im Sommer nie richtig unter- und im Winter nie richtig aufging. „Dann ist es ja super, dass wir im Sommer hier sind", meinte Schnuppe, „denn so können wir Tag und Nacht nach Gagarin und den Forschern suchen!" Opa meinte aber, dass sie vielleicht trotzdem mal eine Runde schlafen sollten, und tatsächlich merkten die Kinder, wie müde sie waren. Im Kliprozobil waren die Sitze schon in schmale, aber bequeme Liegen umgewandelt, auf denen jeweils ein kuscheliger Schlafsack lag. Die Fenster hatten sich wie von Zauberhand verdunkelt, damit das helle Licht draußen blieb. Und obwohl die Kinder dachten, sie würden nie einschlafen, weil das alles so anders und aufregend war, fielen ihnen in kürzester Zeit die Augen zu. Opa setzte sich noch ein bisschen zu Herrn Armstrong: „Mein lieber Roboter-Freund, mir geht eine Frage nicht aus dem Kopf. Ich bin sicher, gelesen zu haben, dass der Meeresspiegel durch die Klimaerwärmung steigen und Küstenstädte und kleine Inseln überschwemmen wird. Jetzt haben Sie gesagt, dass das Schmelzen der Eisberge nicht schlimm sei. Was stimmt denn nun?" Herr Armstrong sagte

freundlich: „Mein lieber Herr Pluto, das Schmelzen der Eisflächen der Pole wird die Erde auf jeden Fall verändern: Nehmen Sie als Beispiel nur, dass die Eisbären und alle speziell an die Lebensbedingungen der Polarregion angepassten Tiere dann kein Zuhause mehr haben und langsam von der Erde verschwinden werden, sofern sie sich nicht an eine wärmere Umwelt anpassen können. Das sind in der Tat weitreichende Folgen der Erderwärmung. Und selbstverständlich haben Sie recht, dass der Meeresspiegel langsam ansteigt, obwohl wir überhaupt nicht wissen, um wie viel. Es sind aber die abschmelzenden Gletscher, also Eismassen an Land, die das bewirken, nicht die abschmelzenden Eisberge oder Packeisflächen, die schon im Wasser sind." Opa sah Herr Armstrong aus halb geschlossenen Augen an. „Ich fürchte, ich bin so müde, dass mein Hirn nicht mehr ganz auf Zack ist", meinte er. „Könnten Sie mir und den Kindern das alles morgen noch mal in Ruhe erklären? Vielleicht mit einem Experiment? Ich muss jetzt ins Bett."

Als Timo seine Augen wieder aufschlug, weil Opa ihn mit einem lauten Schnarcher geweckt hatte, spürte er, dass sie in Bewegung waren. Er war jedoch sicher, dass sie nicht flogen. Wie sich das anfühlte, wusste er ja schon. Er tappte auf leisen Sohlen zu Armstrong vorn am Schaltpult und versuchte, aus dem Fenster zu gucken. Aber weil die Scheibe verdunkelt war, konnte er nichts erkennen. „Ah, guten Morgen, Herr Timo", sagte Armstrong und tippte auf die Scheibe, woraufhin sie durchsichtig wurde und den Blick auf einen schmalen Streifen Wasser zwischen Eisflächen freigab. „Wir schwimmen ja", rief Timo erstaunt. „In der Tat", nickte Armstrong. „Ich habe einen Wasserweg zwischen dem Packeis hindurch berechnet. Die Eisfläche, auf der sich Gagarin aufhält, ist zu schwach für eine Landung aus der Luft. Schließlich ist ja schon ein Teil abgebrochen. Ich weiß nur noch nicht, wie wir anlanden sollen." Timo begann zu ahnen, dass sich die Rettung von Gagarin und den Forschern doch nicht ganz so einfach gestaltete, wie Herr Armstrong sich das vorgestellt hatte.

Wasser, Eis und Meer

Frage:
Was ist ein Gletscher?

Gletscher sind Berge aus Eis. Sie sind durch Schnee entstanden, der im Laufe der Zeit zusammengepresst wurde. Gletscher, die auf einem schrägen Untergrund liegen, bewegen sich langsam vom Fleck, wie auf einer Rutsche.

Dieser isländische Gletscher ist im Laufe der Zeit an der Oberfläche ganz schmutzig geworden. Daher schmilzt er noch schneller ab, weil die dunkle Oberfläche das Sonnenlicht besser schluckt.

In den letzten Jahrzehnten sind viele Gletscher durch ansteigende Temperaturen immer stärker abgeschmolzen. Doch was geschieht, wenn das Wasser dieser Gletscher ins Meer abläuft?

Das brauchst du:

- eine Salatschüssel
- Steine zum Bau einer Insel
- Wasser
- einen selbst gebauten Gletscher (Joghurt- oder länglicher Margarinebecher mit Eis)
- einen Hammer
- eine kleine Spielfigur

Zur Vorbereitung:

Stelle den Becher gefüllt mit Wasser einen Tag lang ins Gefrierfach des Kühlschranks.

Nun geht's los:

Hole den Eisblock aus dem Becher heraus. Wenn du willst, kannst du den Eisblock mit dem Hammer zu einem Gletscher formen.

Baue mit den Steinen eine Insel in der Salatschüssel. Leg nun den kleinen Gletscher hinein und stell die Spielfigur auf die Insel. Danach fülle so viel Wasser auf, bis die Steine fast ganz bedeckt sind. Die Spielfigur sollte aber noch trockene Füße haben.

Deine Insel ist vergleichbar mit der Antarktis oder mit Grönland. Dort befindet sich auf dem Festland sehr viel Eis und Schnee. Beobachte den Wasserstand, wenn der Gletscher schmilzt. Ist es jetzt anders, als beim Versuch mit dem Eisberg?

Erklärung:

Deine Insel steht nach dem Schmelzen des Gletschers unter Wasser. Die Spielfigur hat nasse Füße bekommen. In diesem Fall ist der Wasserspiegel also angestiegen und hat die Insel überschwemmt. Würde beispielsweise das ganze Eis Grönlands schmelzen und das Wasser ins Meer abfließen, würden viele Küstenstädte in der ganzen Welt überflutet werden.

Die rettende Idee

„Weiß Gagarin, dass wir bald da sind?“, fragte Timo. Herr Armstrong blinkte besorgt. „Und ob. Er hat mich schon den ganzen Morgen beschimpft, dass wir so spät kommen. Es ist ein weiteres Stück Eisscholle mit den Lebensmittelvorräten für die Forscher abgebrochen.“ Albertina hatte sich neben die beiden geschlichen und die Unterhaltung verfolgt. „Dann ist es wohl höchste Eisenbahn, dass wir sie von dem Reststück Eisscholle runterholen, was?“ Armstrong blinkte wie verrückt: „Frau Albertina, Eisenbahn genau. Eine Rutschbahn aus Metall – das ist die Lösung!“ „Ich versteh nur Bahnhof“, murmelte Schnuppe, der ebenfalls aufgewacht war: „Wieso Eisenbahn?“ „Dass ich da nicht selber draufgekommen bin“, ärgerte sich Herr Armstrong, wollte aber nichts weiter verraten, sondern ein paar Berechnungen durchführen. Er drängte zur Eile beim Frühstück. Wenig später tönte aus dem Lautsprecher Gagarins vertraute Stimme: „Genosse Armstrong, ich weiß ja, dass du die Ruhe weg hast, aber uns wird's langsam eng auf unserer Scholle. Ich wäre entzückt, deinen rostigen Quadratschädel in Kürze mal hier auftauchen zu sehen.“ Armstrong antwortete: „Lieber Kollege Genosse, vielleicht schaltest du mal die Kamera an. Wir sind mit dem Kliprozobil auf wenige Meilen an euch rangefahren. Treffen in Kürze ein. Bereite die Forscher auf eine rutschige Kletterpartie vor.“ Der sonst so redselige Herr Armstrong steuerte das Kliprozobil schweigsam und konzentriert durch das dichter werdende, trei-

bende Eis hindurch. „Wir sind zwar gepanzert und gegen Zusammenstöße mit dem Eis relativ unempfindlich, ich möchte es aber nicht auf eine Reparatur ankommen lassen, so knapp wie wir in der Zeit sind“, brummte er nur. Wenig später wandte er sich an die Kinder: „Wer von euch kann am sichersten klettern und gleichzeitig gut werfen?“ „Timo“, riefen Opa, Schnuppe und Albertina wie aus einem Mund. „Sehr gut, Herr Timo, dann legen Sie bitte den Polaranzug an und bereiten sich mit einigen Dehnübungen auf Ihre äußerst wichtige Aufgabe vor.“ Timo war gleichzeitig stolz und ängstlich. Was er wohl tun sollte? In diesem Moment rief Schnuppe: „Ich seh sie, ich seh sie, da vorne winken sie.“ Und Albertina meinte, als sie sich schnell näherten: „Puh, das Stück Eis, worauf die stehen, ist ja wirklich nicht mehr sehr groß.“ „Korrekt“, erwiderte Armstrong. Dann erklärte er Opa und den Kindern und gleichzeitig Gagarin und den zwei Forschern, die über Gagarin zugeschaltet waren, seinen Plan. Er würde so nah an die Eisscholle ranmanövrieren, wie es ging, ohne dass scharfe Kanten das Kliprozobil gefährdeten, und dann die Teleskopflügel als Brücke über das Eismeer ausfahren, auf der die Forscher bis zur Kabine balancieren konnten. Timo würde auf den Flügel hochklettern und den Forschern Sicherheits- und Kletterseile rüberwerfen, die mit Kletterhaken am Kliprozobil befestigt wären. „Klar so weit?“, fragte Armstrong. Alle nickten, nur Gagarin verneinte: „Ist dir vielleicht schon mal aufgefallen, dass ich ein Forschungs-Roboter und keine Berggämse bin, die elegant von Stein zu Stein klettert?“, keifte er Armstrong an. „Es tut mir ja sehr leid, mein lieber Kollege“, meinte Herr Armstrong zuckersüß, „aber du wirst dich wohl von den Forschern tragen lassen müssen, ob es dir nun passt oder nicht. Oder möchtest du die Fische besuchen und dich von den Meeresströmungen, die deine Forschungsgruppe von der Eisscholle aus erkunden wollte, quer durch die Welt treiben lassen?“ „Hä, wieso Meeresströmungen, was soll das denn jetzt schon wieder?“, fragte Albertina gerade, als Gagarin beschwichtigend grummelte: „Schon gut, schon gut, wer weiß, wie sich das mit den Meeresströmungen entwickelt. Macht voran, die Eisscholle kracht schon wieder bedenklich.“

Wasser, Eis und Meer

Frage:
Ist Salzwasser schwerer als Süßwasser?

Der Golfstrom ist eine der stärksten Meeresströmungen der Welt. Er transportiert ständig eine enorme Wärmeenergie vom Golf von Mexiko nach Europa und sorgt bei uns für ein mildes Klima. Doch was sorgt dafür, dass so viel Wasser über tausende von Kilometer transportiert wird? Mit dem folgenden Versuch kannst du das selbst herausfinden.

Das brauchst du:

- einen dicken Trinkhalm
- blaue Lebensmittelfarbe
- ein Teebeutel Hagebuttentee
- Kochsalz
- ein durchsichtiges Gefäß aus Glas oder Kunststoff
- zwei große Messbecher (Glas oder Kunststoff)
- einen kleinen Trichter und Strohhalm
- etwas Klebestreifen

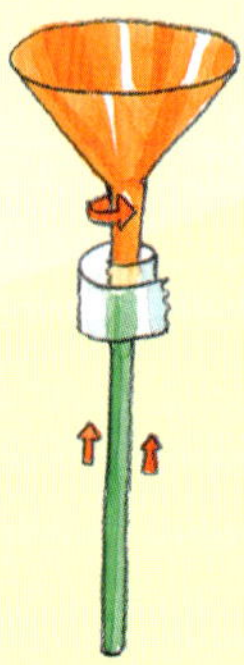

Zur Vorbereitung:

Schiebe zuerst den Trinkhalm in den kleinen Trichter und klebe beides mit einem Klebestreifen zusammen, sodass die Verbindungsstelle dicht ist.

Nun brauchst du ½ l Hagebuttentee. Lass das aber deine Eltern machen, weil kochendes Wasser gefährlich ist. Wenn der Tee lauwarm ist, stelle ihn in einem Messbecher für ca. 2 Stunden in den Kühlschrank.
Du kannst auch schon das blaue Wasser vorbereiten. Gib in den Messbecher ca. 5 Tropfen blaue Lebensmittelfarbe und einen halben Liter Wasser. Stelle nun den Becher zum Hagebuttentee in den Kühlschrank. Nach zwei Stunden nimmst du beide Becher aus dem Kühlschrank. In das blaue Wasser gibst du fünf Esslöffel Salz, danach musst du es gut durchrühren, bis das ganze Salz aufgelöst ist.

Nun geht's los:

Gib nun zuerst das rote Trinkwasser (Hagebuttentee) in das durchsichtige Gefäß. Tauche den Trinkhalm mit dem angeklebten Trichter tief in das rote Wasser ein und gieße das blaue Salzwasser ganz langsam durch den Trichter in das Gefäß ein. Nun kannst du dir von der Seite ansehen, wie sich das Trinkwasser und das Salzwasser verhalten. Vermischen sich die beiden Flüssigkeiten?

Erklärung:

Wenn man das Salzwasser vorsichtig hineingießt, sinkt es zum Boden ab. Es ist nämlich schwerer als Trinkwasser. Es bilden sich zwei getrennte Schichten. Überall dort, wo Trinkwasser ins Meer gelangt, bleibt das Trinkwasser an der Oberfläche, bis es sich mit dem Salzwasser vermischt hat. Schmilzt z. B. ein großer Eisberg, ist die obere Wasserschicht im Meer nicht ganz so salzig.

Beim Golfstrom sorgt also der Unterschied des Salzgehaltes am Äquator und am Nordpol für die Bewegung des Wassers. Du kannst dir das auch ganz einfach veranschaulichen: Ziehe einen Schal über die Tischkante nach unten. Das soll den Golfstrom darstellen. Am Nordpol sinkt der Golfstrom in die Tiefsee ab, weil das vom Äquator kommende Wasser schwerer ist als das Wasser am Nordpol. Und weil es nach unten sinkt, zieht es das Wasser des Golfstroms hinter sich her. Wissenschaftler glauben nicht, dass der Golfstrom wegen des Klimawandels einmal zum Stillstand kommen kann.

Schlechte Nachrichten und frischer Wind

„Muito obrigado – vielen Dank“, sagte der kleine, dunkelhäutige Mann zu Herrn Armstrong, Opa und den Kindern, „das war Rettung in letzter Minute.“ Die zweite Gestalt im Schneeanzug strahlte. „Ich darf uns vorstellen: Ronaldo Santano aus Brasilien, Spezialist für Meeresströmungen. Ich heiße Nina Winterthur und arbeite als Polarforscherin.“ Opa begleitete die beiden zu den freien Sitzplätzen im Kliprozobil und fragte besorgt: „Geht es Ihnen gut? Sie haben ja eine anstrengende Zeit hinter sich.“ Beide Forscher und auch Gagarin nickten: „Genossen und Weggefährten“, setzte der Roboter zu einer Dankesrede an, „ohne euer beherztes Eingreifen wären wir…“ Herr Armstrong klopfte ihm mit seinem Ärmchen aufs Gehäuse: „Gagarin, alte Blechbüchse, wir haben das gern gemacht. Wein jetzt bloß nicht vor lauter Rührung, sonst gibt's Rostspuren.“ Er wandte sich an alle: „Lasst uns lieber überlegen, was wir als Nächstes tun sollen.“ Nina Winterthur zeigte auf den Rest, der von ihrer Eisscholle übrig geblieben war: „Wir sollten sofort die Zentrale informieren. Ein Schiff muss kommen und die Ausrüstungsgegenstände bergen, damit wir hier keinen Müll hinterlassen.“ „Wird sofort erledigt, die wollen ja auch dringend wissen, ob es euch gut geht“, antwortete Herr Armstrong und nahm Kontakt zur ESAFKI auf. Opa kam mit dampfenden Tassen zu den Forschern, die sich gerade aus ihren dicken Anzügen pellten: „Erst mal ein Tee, und dann erzählen Sie, was passiert ist.“ Aber Nina und Ronaldo kamen nicht dazu, da Armstrong eilig zu ihnen rollte. „Herr Ronaldo, bei der ESAFKI-Zentrale ist eine dringende Mitteilung für Sie eingegangen. Von Ihrer Oma, wenn ich das richtig verstanden habe.“ Herr Armstrong überreichte dem Forscher die ausgedruckte Nachricht. Albertina hüpfte vor Neugier auf und ab: „Wohnt Ihre Oma in Brasilien? Dem Brasilien in Südamerika, mit den super Fußballspielern?“, fragte sie und versuchte einen Blick auf die Nachricht zu erhaschen. „Ja“, sagte Ronaldo, „aber soweit ich weiß, gehört Fußball zu den wenigen Dingen, die Oma nicht kann. Sie erforscht Affen im Amazonasgebiet.“ Nina betrachtete ihren Kollegen besorgt und fragte: „Schlechte Nachrichten?“ „Sehr schlechte“, sagte Ronaldo, „Oma braucht mich dringend zu Hause im Regenwald.“ Er seufzte: „Und ich sitze hier im ewigen Eis fest.“

Gagarin und Armstrong brummten und blinkten leise gemeinsam, als würden sie auf Roboterart flüstern. Schließlich meldete sich Gagarin zu Wort: „Genossen und Genossinnen, ich schlage die sofortige Abreise vor. Wind ist aufgekommen. Diese Luftbewegung ermöglicht uns, die Reise ohne großen zusätzlichen Energieaufwand fortzusetzen.“ Erst jetzt wurde allen klar, dass sich die Rotorblätter auf dem Dach schon seit geraumer Zeit drehten. „Wenn wir die Rotorblätter nicht zum Fliegen brauchen, stellen wir sie senkrecht und benutzen sie als Windrad zur Stromerzeugung“, erläuterte Armstrong stolz, als er in die fragenden Gesichter sah. „Als Klima-Forscher sollte Ihnen klar sein, welche wichtige Rolle der Wind spielt, wie er entsteht und wie er genutzt werden kann.“ Gagarin unterbrach den Redefluss seines Kollegen: „Genosse Armstrong, hör mal auf zu quasseln.“ Gagarin wandte sich an die anderen: „Was mein Kollege eigentlich vorschlagen wollte, war, Genosse Ronaldo zu seiner Großmutter zu begleiten und gleichzeitig einiges über den Regenwald in Erfahrung zu bringen.“ „Vorausgesetzt natürlich, die Herrschaften Klima-Forscher haben nichts dagegen, unsere Reise ein wenig zu verlängern“, ergänzte Armstrong blinkend.

Himmel und Luft

Frage:
Wie entstehen Wind und Sturm?

Das brauchst du:

- zwei gleich hohe Gläser oder Becher
- ein durchsichtiges Gefäß aus Kunststoff oder Glas
- eine Taschenlampe
- ein schwarzes Tuch als Hintergrund
- ein Räucherstäbchen

Zur Vorbereitung:

Das Plastikgefäß wird mit der offenen Seite nach unten auf die beiden Gläser gestellt. Der Raum sollte abgedunkelt sein. Außerdem kann man eine Taschenlampe auf das Gefäß stellen, damit man den Versuch besser beobachten kann.

Achtung! Bei diesem Versuch sollte ein Erwachsener dabei sein! Brandgefahr!

Nun geht's los:

Zünde zuerst das Räucherstäbchen an. Blase die Flamme nach einigen Sekunden aus, damit sich Rauch bilden kann. Halte nun das Räucherstäbchen mittig unter das große Gefäß und beobachte, wie sich der Rauch verteilt. Falls zu viel Rauch im Gefäß ist, entferne das Räucherstäbchen und blase den Rauch heraus. Wiederhole den Versuch mehrmals.

Halte das Stäbchen mal in der Mitte, mal nahe am Rand des Gefäßes. Berühre jedoch den Kunststoff nicht. Wenn der Versuch beendet ist, solltest du das Räucherstäbchen mit Wasser löschen.

Erklärung:

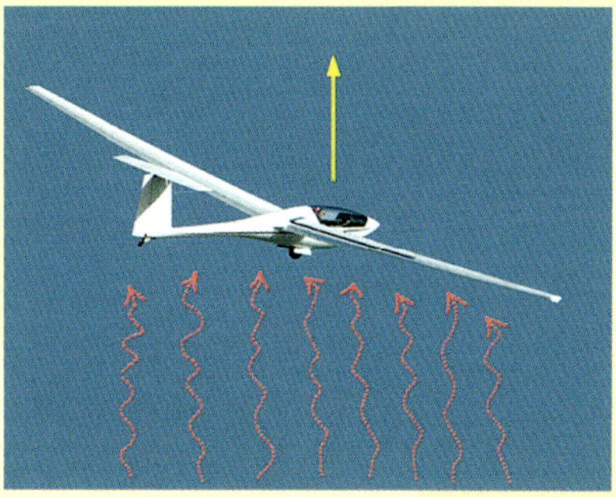

Bei Erwärmung (z. B. durch die Sonne oder Feuer) dehnt sich Luft aus. Sie ist dann leichter als die kühlere Luft um sie herum und steigt daher nach oben. Segelflugzeuge nutzen diesen Effekt, um ohne Motorantrieb hochzusteigen.
Bei einer Weihnachtspyramide ist das Prinzip gleich. Die Luft, die durch die Kerzenflammen erhitzt wird, steigt nach oben und treibt das Flügelrad an.

Bei diesem Versuch kann man jedoch noch etwas anderes beobachten: Wenn der warme Rauch des Räucherstäbchens oben im Gefäß angekommen ist, kühlt er sich dort leicht ab und geht am Rand wieder nach unten. Kühlere Luft sinkt also zu Boden.
In der Atmosphäre sind u. a. diese beiden Vorgänge die Ursache dafür, dass es Wind gibt. Das kann man z. B. sehr gut am Meer beobachten. Tagsüber erwärmt sich die Luft an Land stärker und steigt nach oben. Dabei zieht sie die in der Höhe und über dem Meer abgekühlte Luft nach. Es entsteht ein kühler Wind vom Meer in Richtung Land. Nachts ist es umgekehrt.

Eisbäralarmanlage mit vier Beinen

Natürlich hatte keiner etwas dagegen, im Gegenteil. Nina war glücklich, die Heimat ihres Freundes Ronaldo kennenzulernen, und Opa und die Kinder fanden eine Reise ans andere Ende der Welt sowieso aufregend. Während Herr Armstrong das Kliprozobil für den Flugbetrieb startklar machte, fragte Timo teilnahmsvoll: „Ist deine Oma krank und muss ins Krankenhaus?“ Ronaldo sagte: „Nein, junger Freund. Meine Oma ist kerngesund. Aber dem Regenwald in unserer Heimat geht's nicht gut.“ Schnuppe fragte: „Und was hat Ihre Oma damit zu tun?“ „Meine Oma ist…“, Ronaldo suchte die richtigen Worte. „…in einer Gruppe, die den Regenwald schützen will“, kam ihm Nina zur Hilfe. „Richtig“, sagte Ronaldo, „und jetzt braucht sie meine Unterstützung.“ Albertina und Schnuppe bombardierten Ronaldo mit Fragen: „Was für ein Wald ist denn der Regenwald eigentlich? Und welche Tiere leben da? Und…“ Ronaldo antwortete lachend: „Eins nach dem anderen. Der Regenwald ist eigentlich das genaue Gegenteil von der Eiswüste, in der wir gerade sind. Hier gibt es keine Pflanzen, nur Eis und Schnee und wenige Tiere, die sich an die kargen Lebensbedingungen angepasst haben.“ Timo zeigte aus dem Fenster und rief: „Vielleicht wie der Eisbär da vorne?“ Alle stürzten zum Fenster. Tatsächlich beäugte sie aus der Ferne ein großer Eisbär. „Puh, wie gut, dass wir nicht mehr auf unserer Eisscholle sind. So schön Eisbären sind, so gefährlich können sie werden“, meinte Nina. Auch Ronaldo war die Erleichterung deutlich anzusehen. „Normalerweise haben Polarforscher Hunde auf ihren Stationen. Sie sind perfekte Eisbäralarmanlagen. Wir hatten aber noch keine mitgenommen, unsere Kollegen wollten welche mitbringen, wenn sie auf unsere Scholle nachgekommen wären.“

„Anschnallen“, tönte es in diesem Moment von vorne, „das Kliprozobil hebt in Kürze ab.“ „Tschüss, Eisbär!“, rief Timo und ließ sich wie alle anderen Passagiere auf die bequemen Sitze fallen. „Wir starten durch zum Regenwald!“, jubelte Albertina. „Apropos Re-

genwald“, kam es von Schnuppes Sitz, „Sie wollten uns doch gerade etwas über den Regenwald erklären.“ Ronaldo nahm den Faden gerne wieder auf: „Tropische Regenwaldgebiete gibt es vor allem in Südamerika, in Asien und in Afrika. Die Tropen sind eine Klimazone, in der es immer warm und feucht ist. Und in diesem Klima wachsen undurchdringliche, unvorstellbar ausgedehnte Waldflächen. Oft sind sie viel größer als zum Beispiel Deutschland.“

Schnuppe sagte ungläubig: „Ich bin mal mit Mama von der Nordsee nach Bayern durch ganz Deutschland gefahren. Das hat einen ganzen Tag gedauert. So groß kann doch kein Wald sein.“ Ronaldo nickte: „Sogar noch viel größer. Allerdings wird der Regenwald immer kleiner, weil die Menschen ihn aus ganz unterschiedlichen Gründen abholzen. Zum Beispiel um Ackerland zu gewinnen oder an Bodenschätze zu kommen.“

Von Timos Sitz kam ein lautes Gähnen. Ronaldo unterbrach seinen Vortrag: „Timo, du musst ganz schön müde sein nach deinem anstrengenden Rettungseinsatz! Und wir sind es auch. Lasst uns ein bisschen schlafen. Danach erzähle ich euch von meiner Oma und was sie da mitten im Regenwald macht.“

Himmel und Luft

Frage:
Wie baut man ein Gewächshaus?

Der Regenwald ist ein ganz besonderer Lebensraum. Durch tägliche starke Regenfälle ist es dort immer sehr feucht. Im Laufe des Tages verdunstet ein großer Teil des Wassers wieder und es bilden sich neue Wolken, die nach kurzer Zeit wieder abregnen. Man könnte sagen, dass der Regenwald sich ständig selbst versorgt. Mit diesem Versuch kannst du zeigen, dass ein kleines Stück Natur in einem fast geschlossenen Lebensraum überleben kann.

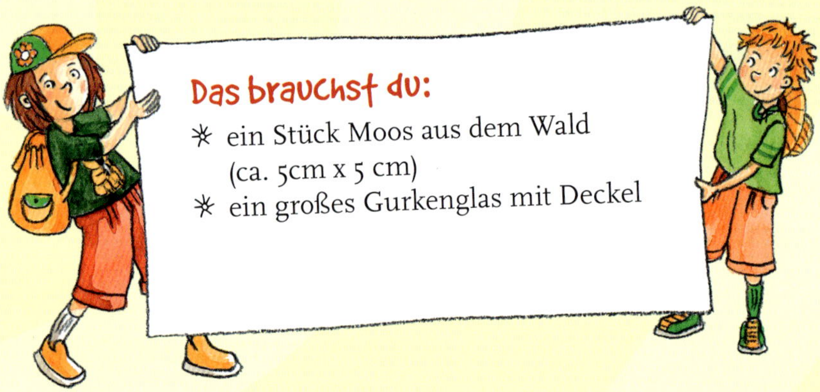

Das brauchst du:

- ein Stück Moos aus dem Wald (ca. 5cm x 5 cm)
- ein großes Gurkenglas mit Deckel

Zur Vorbereitung:

Suche im Wald ein Stück Moos und löse es vorsichtig vom Erdreich.

Nun geht's los:

Lege das Moos mit der grünen Seite nach unten auf den Boden des Glases. Feuchte es ein wenig mit Wasser an und verschließe das Glas mit dem Deckel. Fertig ist das „Gewächshaus".

Du solltest das Gewächshaus einmal am Tag für ca. 5 Minuten belüften. Dafür schraubst du einfach den Deckel ab. Gießen musst du das Moos nur selten.
Stelle den kleinen „Regenwald“ an einen hellen und warmen Ort. Bereits nach wenigen Tagen siehst du das Ergebnis.

Erklärung:

Wärme, Licht und Wasser sind die wichtigsten Dinge, die der kleine „Regenwald“ zum Wachsen braucht. Aus der Luft entnimmt er zusätzlich noch Kohlenstoffdioxid (CO_2).
Im Moos sind genug Pflanzensamen vorhanden, sodass im Glas allerlei Pflanzen zu wachsen beginnen.
Wie in deinem Glas verhält es sich im Prinzip auch mit unserer Erde. Es bildet sich ein Kreislauf, in dem das Wasser von den Pflanzen aufgenommen und wieder verdunstet wird (vgl. Seite 29). Im Glas bleibt es auch schön warm, weil die Wärme durch das Glas nicht vollständig hindurchgelassen wird. Dass man das „Treibhauseffekt“ nennt, weißt du ja schon durch den Versuch von Seite 25.

Opa Pluto lernt dazu

Sie waren zwei Tage und Nächte im Kliprozobil geflogen, als Herr Armstrong Opa sanft anstupste. „Herr Pluto, wir erreichen in circa 30 Minuten unser Ziel. Wollen Sie die Kinder schon aufwecken?“ Opa rieb sich die Augen und schüttelte den Kopf. Sanft zog er Timo den Schlafsack etwas höher und stellte sich neben Ronaldo, der erwartungsvoll aus dem großen Fenster blickte. „Sind Sie aufgeregt, weil Sie nicht wissen, was Sie erwartet?“, fragte er. Ronaldo nickte: „Es ist unheimlich wichtig, dass dieses Stück Regenwald, um das es Großmutter und mir geht, zum Naturpark erklärt und mit seiner Pflanzen- und Tierwelt geschützt wird. Die Entscheidung ist von der Regierung aber noch nicht getroffen worden und es gibt eine Firma, die gar nicht erst auf die Entscheidung warten will, sondern einfach mit der Rodung des Waldes begonnen hat, um im Boden unter dem Wald nach Gold zu schürfen.“ Opa fragte: „In einem Naturpark dürften keine Bäume gefällt werden?“ „Nein, aber wenn die Goldminenbetreiber schon vorher die Rodung des Waldes einfach fortsetzen, um zügig mit dem Goldabbau beginnen zu können, dann …“ „Dann ist das eine Schweinerei, weil der Wald ja schon zerstört ist, ehe die Entscheidung gefallen ist“, regte sich Opa auf. „Das sagen Sie“, meinte Ronaldo, „aber einige Menschen in Brasilien denken da anders drüber.“ „Aber in diesem Fall haben Sie doch Recht und Gesetz und damit die Polizei auf Ihrer Seite“, wollte Opa Ronaldo trösten. Der schnaufte nur entrüstet: „Bei allem Respekt, Senhor Pluto, ich glaube, es ist für Europäer nur schwer vorstellbar, wie ausgedehnt und abgelegen der Regenwald ist. Da kommt die Polizei nicht mal eben vorbei, um nachzuschauen, ob jemand irgendwo unerlaubt rodet. Außerdem gibt es dort viele arme Menschen. Sie brennen kleine

Waldflächen ab, um dort Landwirtschaft betreiben und so überleben zu können." Opa kratzte sich nachdenklich am Kopf: „Das scheint mir aber etwas anderes zu sein, als wenn eine große Firma einfach Wald zerstört, der ihr noch gar nicht gehört." „Natürlich", meinte Ronaldo, „deshalb stellt sich meine Großmutter mit ihrer Gruppe auch gegen diese Firma." „Aber Sie sagten doch, es gäbe gute Chancen, dass dieses Waldstück zum Naturpark erklärt würde?", fragte Opa noch mal nach. Ronaldo nickte: „Ich habe Ihnen von der Arbeit meiner Oma als Biologin erzählt. Sie hat in den Kronen der Baumriesen hier zwei Affenarten entdeckt, die bislang noch nirgendwo anders gefunden wurden. Das ist eine Sensation in der Neuweltaffenforschung. Bikinitamarin und Weißtigeräffchen hat Oma sie genannt." „Und wenn dieses Stück Regenwald wegfiele, hätten die Bikinitamarine und Weißtigeräffchen keine Heimat mehr. Es könnte sein, dass sie verschwinden, richtig?" „Wie so viele der unzähligen Tier- und Pflanzenarten hier", seufzte Ronaldo, „Sie werden gleich erkennen, wie trostlos es dort aussieht, wo der Wald abgebrannt oder abgeholzt ist. Die Bäume können den Boden nicht mehr halten und er wird sehr schnell weggespült." Opa nickte sorgenvoll: „Dieses Problem gibt's überall auf der Welt, leider auch bei uns in Deutschland."

Gagarins Stimme und der vertraute Gong unterbrachen ihre Unterhaltung: „Herr Ronaldo, in 12 Minuten erreichen wir die Stelle, die Sie uns angegeben haben." Albertina war aufgewacht und fragte verschlafen: „Opa, wo sind wir?" Herr Armstrong gab die Daten durch: „6.50 Uhr, nur 11 Minuten Sinkflug von uns entfernt liegt unser Ziel im Nebel. Sonnenaufgang war vor ca. 53 Minuten." Jetzt schlief keiner mehr. „So ein Mist, wieso denn Nebel?", ärgerte sich Schnuppe, „dann sehen wir ja nichts." Ronaldo grinste: „Das ist früh morgens im Regenwald normal – bei der Feuchtigkeit und Wärme. Das Wasser verdunstet und bis mittags bilden sich meist dicke Regenwolken und dann ..." „... regnet's", ergänzte Schnuppe, „klar, irgendwoher muss der Regenwald ja seinen Namen haben."

Land und Boden

Frage:
Wie vermeiden Bäume Überschwemmungen?

Wälder sind nicht nur Lebensraum für Tiere, Erholungsort für Menschen und Lieferant für wertvolles Holz. Sie sorgen auch dafür, dass Überschwemmungen vermieden werden. Aber woran mag das liegen?

Das brauchst du:

- zwei Alu-Kuchenschalen
- Blumenerde ohne Torf (z. B. Kräuter- oder Kakteenerde)
- Kressesamen
- kleine Kindergießkanne (mit Düsenvorsatz)
- 1-2 Milchtüten
- Knetmasse
- Wasser

Hinweis:

Du brauchst für diesen Versuch etwa eine Woche zur Vorbereitung.

Zur Vorbereitung:

Fülle beide Aluschalen mit Blumenerde und drücke diese gut fest. Die Schichten in den beiden Schalen sollen gleich hoch sein. Auf die eine Schale verteilst du nun den Kressesamen. Die andere Schale bleibt so, wie sie ist.

Stelle beide Schalen an einen hellen und warmen Ort. Die Schale mit den Kressesamen sollte immer etwas feucht gehalten werden. Die Schale ohne Samen kannst du ganz austrocknen lassen.

In den nächsten Tagen wird in der ersten Schale ein kleiner „Urwald“ aus Kresse wachsen.

Nun geht's los:

Stelle beide Schalen so auf, dass sie schräg nach unten stehen. Eine Unterlage (wie z. B. eine Milchtüte) ist dabei ganz nützlich. Achte darauf, dass beide Schalen die gleiche Neigung aufweisen. Damit die Schalen nicht wegrutschen, kannst du etwas Knetmasse als Stopper verwenden.

Gieße mit der Kanne vorsichtig Wasser über die Schale mit der Kresse. Anschließend wird die gleiche Menge Wasser auf die zweite Schale gegossen. Was kannst du beobachten und welche Unterschiede erkennst du?

Erklärung:

Die unbepflanzte Schale trocknet nach kurzer Zeit aus. Es zeigen sich manchmal sogar Risse in der Erdschicht. Beim Begießen läuft das Wasser größtenteils an der Oberfläche ab. Der Boden kann die Wassermenge also nicht aufnehmen wie ein Schwamm. Das schnell abfließende Wasser gelangt ebenso schnell in die Flüsse, wodurch es zu Überschwemmungen führen kann. Dabei nimmt es viel Erde mit, die über die Flüsse weggeschwemmt wird. Folglich geht wertvoller Ackerboden verloren. Diesen Effekt nennt man „Bodenerosion".
Bei der mit Kresse bepflanzten Schale wird kaum etwas weggeschwemmt. Die Wurzeln halten das Erdreich fest und lockern die Erde auf, sodass das Wasser gut eindringen und gespeichert werden kann. Daher fließt auch nicht so viel Wasser aus der Schale heraus. Wälder helfen also dabei, Überflutungen zu vermeiden.

Wenn ganze Wälder durch Naturkatastrophen (Wirbelstürme, Waldbrände) oder durch den Menschen (Abholzen) zerstört werden, führt dies zu starker Bodenerosion und damit zum Verlust fruchtbaren Ackerbodens.

Noch ein Tipp: Die Kresse kannst du nach dem Versuch ernten. Sie schmeckt sehr lecker auf einem Butter- oder Käsebrot!

Die grüne Lunge der Welt

Wenig später ertönte Herr Armstrongs Stimme: „Anschnallen, wir landen." Die Rotorblätter des Kliprozobils pflügten durch den Dunst. Staunend beobachteten die Kinder, Opa und Nina das grüne Dach aus Bäumen, auf das sie zuschwebten. Hier und da ragten einzelne Bäume über allen anderen in den Himmel. „Diese Riesenbäume nennen wir ‚Überständer', sie bilden das höchste Stockwerk im Regenwald", erklärte Ronaldo, „denn der Regenwald besteht wie ein Haus aus verschiedenen Etagen, die von ganz unterschiedlichen Tieren bewohnt werden. Übrigens gibt's im Regenwald so viele Tier- und Pflanzenarten wie nirgends sonst – außer vielleicht in großen Korallenriffen im Meer."

Das Kliprozobil setzte auf einer großen freien Fläche im Wald auf. Sie war von schwarz verkohlten Baumresten bedeckt. „Wieder ein Teil der grünen Lunge der Welt zerstört", seufzte Opa. „Wieso grüne Lunge?", fragte Albertina. Als hätte er auf das Stichwort gewartet, griff Herr Armstrong die Frage auf: „Pflanzen sorgen für den lebenswichtigen Sauerstoff. Da die Regenwälder so riesig sind, produzieren deren Bäume und Pflanzen unglaublich viel davon. Deshalb nennt man sie auch die grüne Lunge der Welt. Aber das ist noch nicht alles. Gleichzeitig nehmen alle Pflanzen Kohlenstoff auf. Timo fragte verwundert: „Was ist schon so schlimm an dem Kohlendingsda. Wird man da schwarz von?" „Nein, das nun gerade nicht", lächelte Opa, „aber wenn zu viel CO2 produziert wird, kann das zur Klima-Erwärmung führen, weil das CO2 in der Atmosphäre festgehalten wird."

„Wärmer als hier", rief Schnuppe, „kann ich mir gar nicht vorstellen", denn Gagarin hatte inzwischen die Tür des Kliprozobils geöffnet und einen Schwall feucht-warmer Luft hereingelassen. Ronaldo sprang sofort raus und half den anderen auf den Boden.

Erst jetzt sahen sie in der Nähe eine Reihe von Holzhütten. Aus einer spähte misstrauisch eine Frau hervor. „Avò“, rief Ronaldo und rannte auf die Frau zu. „Das heißt bestimmt Oma“, meinte Timo zufrieden, während sich die beiden Roboter gegenseitig ihre geländegängigen Metallraupenfüße anlegten. „Wie ein Minipanzer siehst du jetzt aus, Herr Armstrong“, meinte Schnuppe. Aber Herr Armstrong legte Wert auf die Feststellung, dass Gagarin und er der friedlichen Forschung verpflichtet wären. „Wir verfügen über keinerlei Waffen außer unserem scharfen Verstand.“

In der Hütte begrüßte sie die Senhora Santano mit ausgebreiteten Armen und einem unverständlichen Redefluss. Ronaldo übersetzte strahlend. „Meine Oma begrüßt Sie alle aufs Herzlichste. Sie ist überglücklich und unendlich dankbar, dass Sie mich hergebracht haben.“ In der einfachen Hütte erzählte die Senhora von den Waldarbeitern der Goldminenbetreiber, die vor einigen Tagen aufgetaucht seien, um Stücke des Waldes abzubrennen. Da hatte sie sofort per Satellitentelefon den Notruf an Ronaldo abgeschickt, ohne wirkliche Hoffnung, dass er ihr vom Nordpol aus tatsächlich zur Hilfe kommen könnte. Sie und die Handvoll Kollegen, die sich hier zur Affenforschung aufhielten, hätten sich den Waldarbeitern der Goldmine entgegengestellt. Daraufhin seien die erst mal abgezogen, um neue Anweisungen oder Verstärkung zu holen. „Wir wollten uns mit der Provinzhauptstadt in Verbindung setzen, um die Goldminen-Betreiber anzuzeigen und um Hilfe zu bitten. Leider mussten wir aber feststellen, dass unsere einzige Verbindung zur Außenwelt – nämlich unser Satellitentelefon – plötzlich nicht mehr funktionierte. Wir befürchten jetzt jeden Moment die Rückkehr der Rodungstrupps.“

Himmel und Luft

Frage:
Ist CO_2 der Klimakiller?

Kohlenstoffdioxid (CO_2) ist eines der Gase, das einen entscheidenden Einfluss auf das Klima der Erde hat. Aber welche Eigenschaften hat das Gas und wo kommt es überall vor?

Das brauchst du:

- ein Päckchen Backpulver
- Haushaltsessig
- einen Joghurtbecher
- eine kleine Getränkeflasche mit engem Hals (0,5 Liter) oder ein Kolbenglas
- einen Trichter
- einen Luftballon
- ein Marmeladenglas
- Teelicht in einem kleinen Glas

Hinweis:
Diesen Versuch bitte nur mit einem Erwachsenen durchführen!

Zur Vorbereitung:

Zuerst musst du den Ballon etwas vordehnen. Blase ihn daher einmal auf und lass die Luft wieder heraus. Ziehe den Ballon über den Ausfluss des Trichters. Fülle vorsichtig das ganze Backpulver durch den Trichter in den Ballon. Drücke aber nicht auf den Ballon, sonst bläst dir das Backpulver ins Gesicht. Lege nun den mit Backpulver gefüllten Ballon zur Seite.

Fülle den Joghurtbecher etwa halb voll mit Essig und gieße ihn dann mit dem Trichter in die Flasche.

Nun musst du vorsichtig den Ballon über den Flaschenhals schieben, sodass die Flasche luftdicht verschlossen ist. Damit die Flasche nicht umkippt, sollte dir jemand helfen.

Nun geht's los:

Wenn du den Ballon anhebst, kann das Backpulver in den Essig fallen. Beobachte genau, was geschieht. Warte ein paar Minuten!
Nun muss das Teelicht im Glas angezündet werden. Dabei sollte dir ein Erwachsener helfen. Stelle außerdem das Marmeladenglas bereit. Nimm den Luftballon von der Flasche, ohne dass der Balloninhalt entweicht.

Blase ganz langsam den Inhalt des Luftballons in das Marmeladenglas. Gieße anschließend den Inhalt dieses Glases vorsichtig in das Glas mit dem brennenden Teelicht.

Was passiert mit der Flamme und warum?

Erklärung:

Schüttet man Backpulver und Essig zusammen, kommt es zu einer chemischen Reaktion. Dabei entsteht ein Gas, das man Kohlenstoffdioxid oder auch CO2 nennt. Dieses Gas fängst du mit dem Luftballon auf.
Nachdem du das Gas in dein Glas gefüllt hast, sinkt es nach unten. Es ist nämlich schwerer als die übrige Luft. Beim Übergießen des Teelichtes erstickt es die Flamme, weil nun kein Sauerstoff mehr an die Flamme kommt.
Das Gas Kohlenstoffdioxid gelangt aus dem Auspuff von Autos und aus Schornsteinen von Fabriken in die Atmosphäre. Es entsteht aber auch bei Vulkanausbrüchen und Waldbränden, Menschen und Tiere atmen es außerdem aus. Man spricht bei diesem Gas auch von einem Treibhausgas. In unserer Atmosphäre wirkt CO2 ähnlich wie ein Gewächshaus. Es verhindert, dass viel Wärme von der Erde in den Weltraum abgestrahlt wird.
Viele Wissenschaftler sind der Meinung, dass das CO2 dazu beiträgt, dass sich das Klima erwärmt (vgl. Seite 25). Sie bezeichnen das Gas aus diesem Grunde als „Klimakiller" (neben dem CO2 tragen auch Methan, Wasserdampf und andere Dinge zum Treibhauseffekt bei). Gäbe es allerdings auf der Erde überhaupt keinen Treibhauseffekt, läge die Durchschnittstemperatur unter 0 °C.

Kriegsrat und große Enttäuschung

Es war ein richtiger Kriegsrat, den sie da vor der kleinen Holzhütte der Senhora abhielten. Freunde und Kollegen von Ronaldos Oma waren auch noch dazugekommen. Ronaldo kam bald ganz schön ins Schwitzen, so viel musste er übersetzen. Die Roboter hatten sofort vorgeschlagen, über das Kliprozobil einen Funkspruch an die Polizei und Regierung in der Provinzhauptstadt abzuschicken. Die meisten Forscherkollegen von Senhora Santano waren aber der Meinung, es sei besser, dort persönlich aufzukreuzen und Hilfe zu holen. Albertina, Schnuppe und Timo verloren bald das Interesse an der endlosen Diskussion und streiften neugierig durch den Regenwald nahe der Lichtung. „Kommt schnell hierher!", rief Timo, und Albertina und Schnuppe rannten zu ihm. Timo zeigte auf eine lange Straße sich bewegender Blätter. „Das sind alles Ameisen, die Blätter tragen", staunte Schnuppe. Später versuchten sie mit ausgestreckten Armen zu dritt einen der Baumriesen zu umarmen, aber es hätten bestimmt noch acht weitere Kinder in

der Kette gefehlt, so dick war der Baum. Plötzlich hallte der Wald von unheimlichem Gekreisch wider und die Kinder flüchteten zu den Erwachsenen. „Das waren Affen", erklärte Ronaldo, „die können einen mit ihrem Geschrei ganz schön erschrecken. Aber keine Angst, sie sind nicht gefährlich."

Opa bat die Kinder zu sich. Jeder saß auf einem Baumstumpf, als Opa ihnen das Ergebnis der Beratungen mitteilte: „Ihr, ich und Herr Armstrong begleiten Ronaldo in die Stadt. Wir fliegen gleich los. Gagarin bleibt hier und repariert das Satellitentelefon. Auf dem Rückweg setzen wir nur kurz Ronaldo wieder ab, nehmen Gagarin an Bord und fliegen gleich weiter." „Ich will aber noch bleiben", quengelte Albertina. „Hier ist es doch super", protestierte auch Schnuppe und Timo rief: „Das ist gemein, Opa!" Opa seufzte: „Wusste ich doch, dass ihr traurig sein würdet! Ich würde auch gern bleiben und mir in Ruhe alles anschauen. Aber eure Sicherheit geht vor, und ich will nicht, dass ihr mit reingezogen werdet, wenn's hier Ärger gibt. Mein Entschluss steht fest." Opa erhob sich von dem Baumstumpf, auf dem er gesessen hatte: „Ich kann euch gut verstehen. Wann hat man schon mal die Gelegenheit, die Ferien auf einer Affenforschungsstation im Regenwald zu verbringen. Hier ist alles so anders als bei uns. Sogar die Baumstümpfe." Die Kinder guckten verwundert auf Opas Baumstumpf. Tatsächlich, die Holzfläche hatte gar kein Muster. Bei den Baumstümpfen zu Hause konnten sie

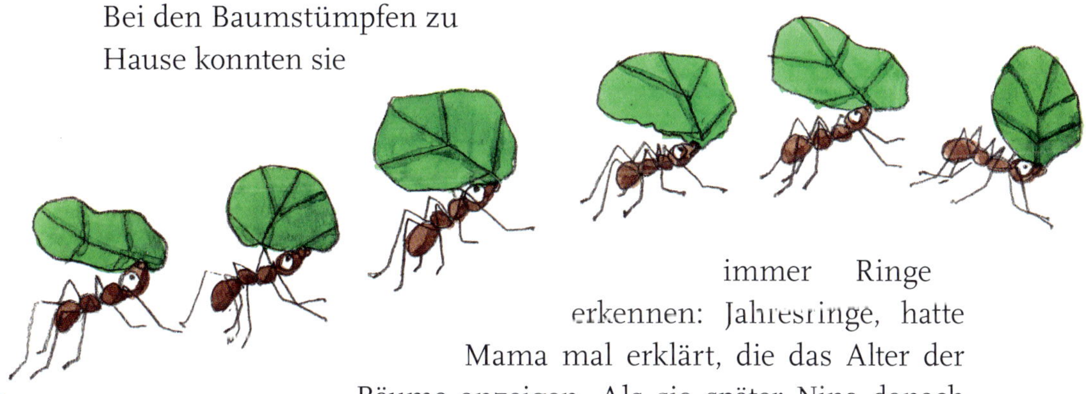

immer Ringe erkennen: Jahresringe, hatte Mama mal erklärt, die das Alter der Bäume anzeigen. Als sie später Nina danach fragten, sagte sie, dass sich Jahresringe nur ausbildeten, wenn es Jahreszeiten gäbe. „Und die gibt's ja im Regenwald nicht", sagte sie, „hier ist es das ganze Jahr über gleich." Von hinten winkte Opa und Herr Armstrong arbeitete sich auf seinen merkwürdigen Raupenkettenbeinen zu ihnen heran. „Meine lieben Freunde Klima-Forscher, ich muss Sie bitten, sich umgehend zum Kliprozobil zu begeben. Wir starten in fünf Minuten."

Klima und Wetter

Frage:
Was erzählen uns Baumscheiben?

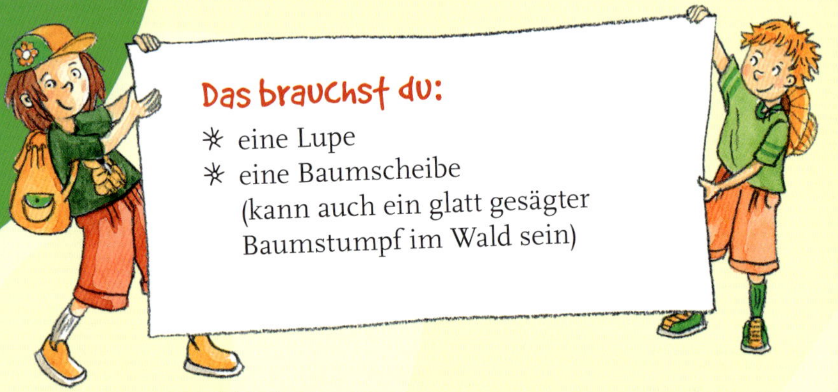

Das brauchst du:

- eine Lupe
- eine Baumscheibe (kann auch ein glatt gesägter Baumstumpf im Wald sein)

Zur Vorbereitung:

Zuerst musst du dir eine Baumscheibe suchen. Wenn in deiner Nähe ein Sägewerk oder eine Schreinerei ist, kann man dort nachfragen. Im Wald gibt es meistens auch abgesägte Holzstämme, die man für diesen Versuch verwenden kann. Die Baumscheibe sollte möglichst glatt sein und mit einem Sägeschnitt abgetrennt worden sein. Sonst ist sie zu uneben.

Nun geht's los:

Betrachte die Baumscheibe zuerst aus der Nähe. Kannst du die vielen Linien sehen? Sind sie immer gleich weit voneinander entfernt oder sind die Abstände ganz unterschiedlich? Schau dir die Farben des Stammes an und untersuche, ob der Stamm überall gleich ist.
Woher kann es wohl kommen, dass die Abstände zwischen den Linien nicht immer gleich sind? Und warum gibt es im Bauminnern überhaupt solche Linien?

Erklärung:

Bäume machen bei uns im Winter eine Art Winterschlaf, wie z. B. auch der Braunbär. Die Blätter sind abgefallen und der Baum bekommt nicht mehr genug Licht, um sich seine Nahrung herzustellen. In dieser Zeit wächst der Baum unterhalb der Rinde natürlich nicht weiter und trocknet dort etwas aus. Das Holz wird dichter und fester, was man am Farbunterschied zum Restholz gut erkennen kann. Im Frühling und Sommer, wenn der Baum wieder Sonnenlicht und viel Wasser bekommt, wächst das Holz wieder.
Das ist die Schicht zwischen den dünnen Ringen.
An den Ringen können wir also abzählen, wie alt ein Baum ist. Daher nennt man sie auch „Jahresringe“. Wie alt ist der Baum etwa, den du angeschaut hast? Und wie alt war der Baum auf dem Foto, als er gefällt wurde?

Klimatagebuch Baum:

So eine Baumscheibe ist auch eine Art Klimatagebuch. Denn man sieht gut, wie sich das Klima während der Lebenszeit des Baumes verändert hat. Bei vielen Bäumen kann man beobachten, dass die Jahresringe unterschiedlich weit auseinanderstehen. Liegen sie dichter beieinander, weist dies darauf hin, dass das Wetter für das Wachstum des Baumes ungünstig war, z. B. zu trocken oder zu kalt.

Tornadoalarm

Schon am Nachmittag kehrte die kleine Reisegruppe aus der Provinzhauptstadt zurück. Während sich Opa und die Kinder die quirlige, abenteuerlich fremde Stadt angesehen und auf dem Markt einige Vorräte eingekauft hatten, war Ronaldo zu den Behörden gegangen. Er erstattete Anzeige und bat um Hilfe gegen die Rodungstrupps. Was die Polizei speziell unternehmen wollte, war noch unklar. „Zumindest haben sie mich unser Anliegen erläutern lassen und die Papiere gründlich gelesen", berichtete Ronaldo, „das ist ein gutes Zeichen. Und jetzt, wo unser Satellitentelefon wieder funktioniert, können wir sie darüber auf dem Laufenden halten, was hier geschieht."

„Und uns auch", ergänzte Opa. Er und Armstrong drängten bereits zum Aufbruch. Opa, weil er wusste, dass den Kindern der Abschied ansonsten nur noch schwerer fallen würde, und Armstrong, weil er gern vor dem pünktlich um 18 Uhr stattfindenden Sonnenuntergang mit dem Kliprozobil die richtige Flughöhe erreichen wollte. Dem herzlichen Willkommen am Morgen folgte jetzt eine noch herzlichere Verabschiedung durch Ronaldos Oma. Sie lächelte sogar dankbar in Richtung Gagarin, der ihr zu Beginn überhaupt nicht geheuer gewesen war: „Guten Flug! Wir werden euch alles berichten, auch wie es den Affen geht!", übersetzte Ronaldo für die Senhora und fügte noch hinzu: „Vielen Dank euch allen. Hoffentlich sehen wir uns bald wieder."

Doch alle guten Wünsche halfen nichts, die Kinder saßen trotzdem traurig im Kliprozobil. „Wohin fliegen wir überhaupt?", erkundigte sich Albertina schlecht gelaunt bei Opa.

„Herr Armstrong und ich dachten, dass wir euch noch mal was richtig Spannendes auf dem Heimweg bieten könnten", antwortete der. „Was denn?", fragten Timo und Schnuppe gleichzeitig und ihre Stimmung besserte sich sofort. Herr Armstrong

kam zu ihnen und blinkte freudig in allen Farben auf. „Wüste, meine lieben Herrschaften Klima-Forscher. Genau genommen die afrikanische Wüste Sahara. In meiner früheren Eigenschaft als Weltraum-Agent habe ich in einer Oase einen netten und klugen Jungen kennengelernt, der sehr interessante Bebachtungen zu den Sternen gemacht hatte, sodass ich als…" Albertina sprang begeistert auf. „Heißt das, wir müssen noch nicht nach Hause, sondern können noch eine Wüsten-Oase besuchen. Mit Kamelen und so?" Herr Armstrong strahlte über den ganzen Monitor: „Jawohl. Mit vielen Kamelen und einem guten Freund." Plötzlich knipste ein heftiges Ruckeln des Kliprozobils das Strahlen ihres Roboter-Freundes aus und warf Albertina auf ihren Sitz zurück. Herr Armstrong rollte eilig ins Cockpit zu Gagarin. Als er wenig später zurückkam, hatte er wenig Gutes zu berichten: „Ein Windstabilisator des Kliprozobils ist ausgefallen. Das wäre normalerweise kein Problem, wenn nicht die Windverhältnisse heute Abend besonders schlecht wären. Es gibt eine Wirbelsturmwarnung für den ganzen Golf von Mexiko und offenbar sind wir schon Sturmgebiet." Wieder wurde das Kliprozobil heftig durchgeschüttelt. „Ob wir da nicht sicherer bei Ronaldo im Regenwald gewesen wären", meinte Schnuppe. Dann begann sich auf einmal alles zu drehen. „Anschnallen, wer noch nicht angeschnallt ist", brüllte Opa. „Und Kopf mit den Armen schützen! Nach vorne bis auf die Knie beugen!" Die Kinder gehorchten erschrocken und schützten sich, so gut es ging, vor den Teilen, die im Kliprozobil herumflogen: Opas Krimi, Timos Kuschelteddy und – Herr Armstrong. Der hatte es offensichtlich nicht mehr geschafft, sich im Cockpit einzurasten, und krachte nun mit rasender Geschwindigkeit gegen eine Wand des Kliprozobils. Entsetzt sahen Opa und die Kinder, wie bei Herrn Armstrong die Lichter ausgingen.

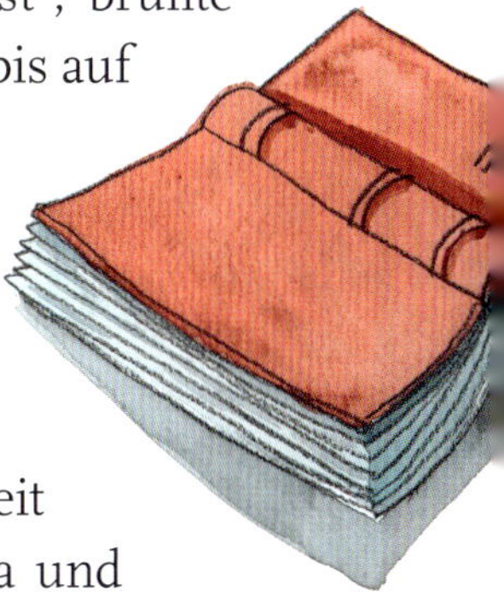

Himmel und Luft

Frage:
Wann fährt die Luft Karussell?

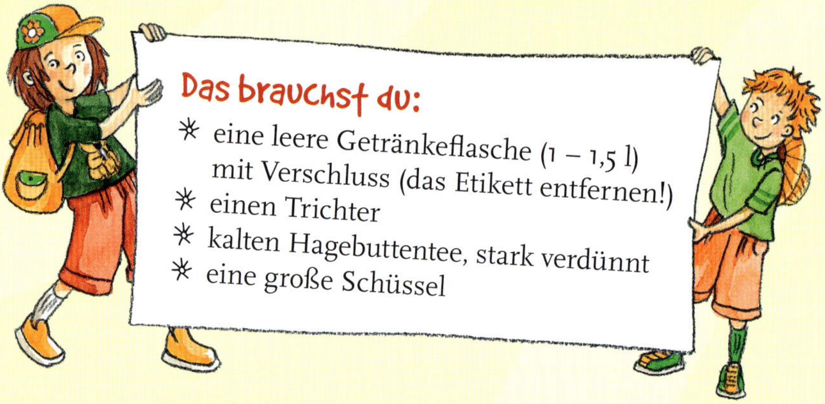

Zur Vorbereitung:

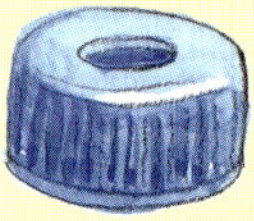

Um gute Ergebnisse zu bekommen, solltest du in den Verschlussdeckel der Getränkeflasche ein Loch bohren. Dabei müsste dir ein Erwachsener helfen. Mit einem Akkubohrer wird ein Loch mit einem Durchmesser von ca. 10 mm gebohrt (Bild links).

Wenn ihr keinen solchen Bohrer habt, kann man auch mit einem kleineren Bohrer mehrere Löcher bohren, die im Kreis angeordnet sind (Bild rechts) und dann das Mittelteil entfernen.

Der Versuch funktioniert auch ohne Deckel, allerdings geht er dann sehr schnell und man kann nicht in aller Ruhe beobachten, was geschieht.

Achtung! Diesen Versuch solltest du am besten im Badezimmer bzw. an einem Waschbecken durchführen.

Nun geht's los:

Mit einem Trichter füllst du den Hagebuttentee langsam in die große Flasche ein. Sie soll etwa ¾ voll sein. Wenn du einen Deckel mit Loch herstellen konntest, schraube ihn jetzt auf. Sonst verwende die Flasche einfach ohne Deckel. Drehe nun über einer Küchenschüssel die Flasche auf den Kopf und versuche, das obere Ende ein oder mehrmals im Kreis zu drehen. Wenn es nicht gleich klappt, probiere es einfach mehrmals aus. Den Hagebuttentee kannst du ja immer wieder in die Flasche zurückfüllen.

Wenn sich der kleine Tornado in der Flasche bildet, beobachte genau, wie er aussieht, wie er sich dreht usw.

Erklärung:

Durch das Drehen der Flasche wird das Wasser ebenfalls in Drehung versetzt. Wie bei einem Kettenkarussell wird das Wasser nach außen gedrückt. Dadurch kann von unten Luft durch den Flaschenhals nach oben strömen. Es bildet sich nun im Inneren der Flasche ein Luftraum, der die Form eines richtigen Tornados hat. Bei einem echten Tornado sind natürlich die Verhältnisse etwas anders. Lediglich die Form sieht ähnlich aus. Wie du schon weißt, steigt heiße Luft nach oben. Wenn die nach oben steigende Luft von seitlich ankommenden Winden aber in Drehung versetzt wird, entsteht ein trichterförmiger Wirbel – der Tornado!

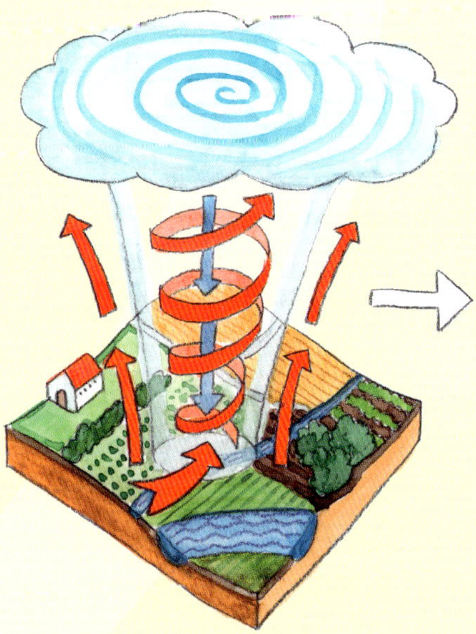

Himmel und Luft

Frage:
Warum kühlen Bäume?

Klimaanlage Baum

Wenn es im Sommer sehr heiß ist, ist es im Wald immer ziemlich angenehm. Woher kommt das?

Das brauchst du:

- ein Stofftuch (Taschentuch oder ein Stück Stoff aus Leinen oder Baumwolle)
- einen kleinen Stein
- etwas Schnur, ca. 1 m
- Wasser

Zur Vorbereitung:

Mach das Taschentuch feucht, indem du es unter den Wasserhahn hältst. Drücke es danach kräftig aus. Wickle den Stein in das Tuch und binde es mit der Schnur zu, sodass der Stein nicht herausfallen kann.

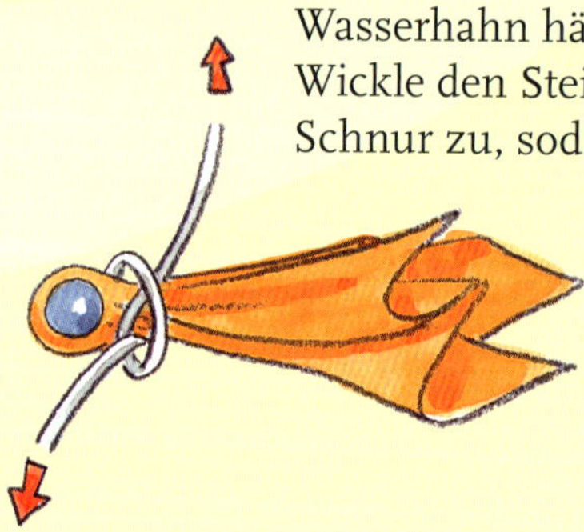

Nun geht's los:

Fühle mit deiner Hand, wie warm das Stoffsäckchen ist. Schleudere es nun etwa eine Minute vorsichtig im Kreis herum. Den Versuch solltest du möglichst draußen durchführen, damit niemand etwas abbekommt.

Fühle nun erneut, wie sich das Säckchen anfühlt. Was hat sich geändert?

Nun geht's los:

Mit einem Trichter füllst du den Hagebuttentee langsam in die große Flasche ein. Sie soll etwa ¾ voll sein. Wenn du einen Deckel mit Loch herstellen konntest, schraube ihn jetzt auf. Sonst verwende die Flasche einfach ohne Deckel. Drehe nun über einer Küchenschüssel die Flasche auf den Kopf und versuche, das obere Ende ein oder mehrmals im Kreis zu drehen. Wenn es nicht gleich klappt, probiere es einfach mehrmals aus. Den Hagebuttentee kannst du ja immer wieder in die Flasche zurückfüllen.

Wenn sich der kleine Tornado in der Flasche bildet, beobachte genau, wie er aussieht, wie er sich dreht usw.

Erklärung:

Durch das Drehen der Flasche wird das Wasser ebenfalls in Drehung versetzt. Wie bei einem Kettenkarussell wird das Wasser nach außen gedrückt. Dadurch kann von unten Luft durch den Flaschenhals nach oben strömen. Es bildet sich nun im Inneren der Flasche ein Luftraum, der die Form eines richtigen Tornados hat. Bei einem echten Tornado sind natürlich die Verhältnisse etwas anders. Lediglich die Form sieht ähnlich aus. Wie du schon weißt, steigt heiße Luft nach oben. Wenn die nach oben steigende Luft von seitlich ankommenden Winden aber in Drehung versetzt wird, entsteht ein trichterförmiger Wirbel – der Tornado!

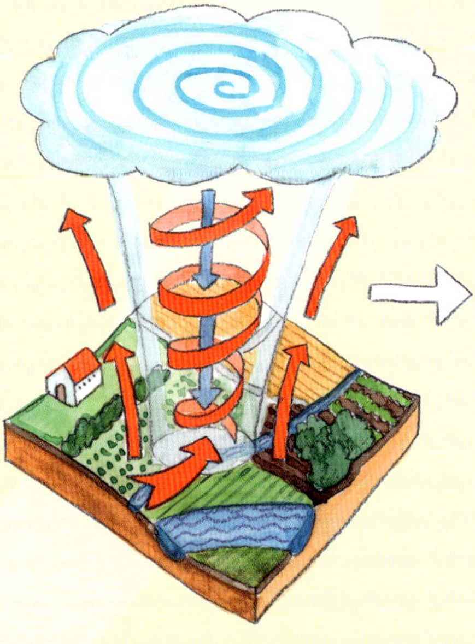

Nicht nur Armstrong verschläft die Wüste

Nach zweistündigem Kampf gegen den Wind hatte Gagarin es endlich geschafft, fern des Sturms eine erstklassige Wasserlandung hinzulegen. Sicher verankert, schaukelte das Kliprozobil auf den Wellen mitten im Ozean, irgendwo zwischen Amerika und Afrika. Zeit zum Ausruhen blieb dem kleinen tapferen Roboter allerdings nicht. Den Kindern und Opa war immer noch übel von der wilden Schaukelei des Kliprozobils und er versorgte sie mit Tee und Zwieback. Als es ihnen wieder etwas besser ging, umringten alle voller Sorge den regungs- und blinklos am Boden liegenden Herrn Armstrong. Mit einem Untersuchungskabel verband sich Gagarin mit seinem Roboterkollegen. Keiner sagte etwas, während über Gagarins Monitor zackige Linien huschten. Nach langen bangen Minuten hielt Timo es nicht mehr aus und schluchzte: „Herr Armstrong wird doch wieder gesund, Gagarin, oder?“ Auch Opa standen die Tränen in den Augen, als er bat: „Bitte sagen Sie doch etwas, Genosse Gagarin. Können wir irgendetwas tun?“ Gagarin wandte sich den Kindern und Opa zu: „Armstrongs Blinklicht ist defekt und muss ausgetauscht werden. Genauso wie sein Kugellager hinten links. Die Werkzeugkralle hat einen Riss und eine kleine Schublade ist verbeult. Die Ersatzteile und Werkzeug findet ihr in der Cockpitklappe unten rechts.“ Opa klang unsicher: „Glauben Sie wirklich, dass Herr Armstrong von diesen Reparaturen wieder aufwacht? Das scheinen mir doch nur Äußerlichkeiten zu sein.“ Gagarin nickte: „Ganz recht, Genosse Pluto, aber es wird ihn freuen, dass alles wieder heil ist, wenn ich ihm in der Oase seines Freundes einen neuen Prozessor eingesetzt habe und er dann wieder aufwacht. Der alte ist leider kaputt. Und da der Prozessorwechsel einen ruhigen Greifarm erfordert, wofür der Wellengang hier viel zu stark ist, kann unsere kleine Operation erst in der Oase erfolgen, solange muss Genosse Armstrong noch schlafen.“

Gagarin brauchte lange, um das Kliprozobil auf eventuelle Sturmschäden zu untersuchen. Währenddessen tauschte Albertina mithilfe der anderen geschickt bei Herrn Armstrong beschädigte Teile aus. Als Gagarin wieder starten wollte und alle zu ihren Plätzen bat, legte Timo seinen Teddy dicht neben seinen Roboterfreund und flüsterte: „Der Teddy passt gut auf dich auf, Herr Armstrong."

Alle schliefen tief und fest, als erst der Gong und dann Gagarins Stimme ertönte: „Wollt ihr den Anflug auf die Wüste verpassen, Genossen Schlafmützen?" Die Kinder und Opa rieben sich die Augen. Unter ihnen erstreckte sich in sandfarbigen Wellen eine endlose Wüste. Nur ein dunkler Punkt am Horizont unterbrach die Sandfläche: Dort war die Oase, von der Herr Armstrong gesprochen hatte.

Als Gagarin das Kliprozobil etwas außerhalb des Oasendorfes zu Boden sinken ließ, kamen sofort neugierige Kinder aus dem Ort angerannt. Opa und die Kinder traten hinaus. Die flirrende, trockene Hitze traf sie wie ein Schlag. Gagarin hatte ihnen mitgeteilt, sie sollten das Haus eines gewissen Abdelmajid Hamaroni aufsuchen und ein Foto von Herrn Armstrong vorzeigen. „Keine Angst, die Leute sind freundlich. Ich passe hier auf Armstrong auf." Umringt von hüpfenden und kreischenden Dorfkindern gelangten sie aus der glühenden Hitze in das Oasen-Dorf. Dort war es zum Glück spürbar kühler. „Bäume sind was Tolles, stimmt's?", seufzte Opa und wischte sich die Stirn mit einem Taschentuch ab. Schatten spendende Palmen gab es auch vor dem Haus Abdelmajid Hamaronis, zu dem die Kinder sie fröhlich führten und sich dabei ganz offensichtlich über die für die Wüste unpraktische Kleidung von Opa und den Kindern amüsierten.

Himmel und Luft

Frage:
Warum kühlen Bäume?

Klimaanlage Baum

Wenn es im Sommer sehr heiß ist, ist es im Wald immer ziemlich angenehm. Woher kommt das?

Das brauchst du:

* ein Stofftuch (Taschentuch oder ein Stück Stoff aus Leinen oder Baumwolle)
* einen kleinen Stein
* etwas Schnur, ca. 1 m
* Wasser

Zur Vorbereitung:

Mach das Taschentuch feucht, indem du es unter den Wasserhahn hältst. Drücke es danach kräftig aus. Wickle den Stein in das Tuch und binde es mit der Schnur zu, sodass der Stein nicht herausfallen kann.

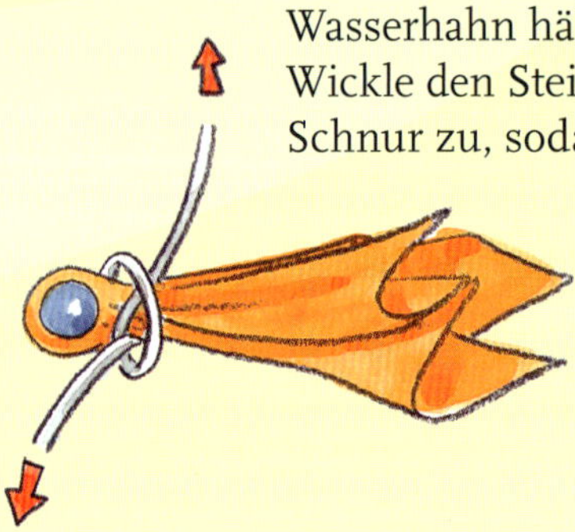

Nun geht's los:

Fühle mit deiner Hand, wie warm das Stoffsäckchen ist. Schleudere es nun etwa eine Minute vorsichtig im Kreis herum. Den Versuch solltest du möglichst draußen durchführen, damit niemand etwas abbekommt.

Fühle nun erneut, wie sich das Säckchen anfühlt. Was hat sich geändert?

Erklärung:

Nach dem Schleudern fühlt sich das Säckchen kälter an. Das liegt daran, dass durch das Herumschleudern das Wasser schnell verdunstet. Dafür braucht es Wärmeenergie, welche es aus seiner Umgebung holt. Die Umgebung kühlt daher ab und damit auch das Säckchen.
Du bist bestimmt auch schon einmal im Sommer durch einen Wald gegangen. Dort ist es kühler als in der Stadt. Das liegt nicht nur daran, dass die Bäume Schatten spenden, sondern dass sie über ihre Blätter viel Wasser verdunsten. Beim Verdunsten des Wassers über die Blätter wird die Umgebung gekühlt, wie auch bei unserem Versuch.
Diesen Effekt machen sich auch viele Menschen in den Entwicklungsländern zunutze, die keinen Kühlschrank besitzen.

Kühlschrank aus Tonkrügen in Ägypten (Afrika)

Probiere es selbst aus: Du brauchst einen unglasierten Blumentopf aus Ton, eine flache Schale, einen Stein und Wasser.

Stelle den Blumentopf umgekehrt in die Schale und fülle etwas Wasser hinein. Schließe das obere Loch mit einem Stein ab. Wenn du nun ein Getränk unter den Blumentopf stellst, wird es nach einiger Zeit schön kühl sein. Teste es beispielsweise mal mit einem Glas Wasser.

Shaik Armstrong ist wieder da

Abdelmajid Hamaroni wedelte mit Armstrongs Foto in der Hand herum und redete in einer unverständlichen Sprache ohne Punkt und Komma auf Opa ein. Opa schwitzte und wies immer wieder mit der Hand in Richtung des Kliprozobils. „Herr Armstrong ist krank", wiederholte er zunehmend verzweifelt, auch mit Englisch hatte er es schon versucht. Albertina wurde es schließlich zu bunt. Sie tippte noch mal auf Armstrongs Foto, nahm Abdelmajid Hamaroni einfach an der Hand und zog ihn vom Haus weg. Auf ihrem Weg kamen sie an einem Brunnen vorbei. Abdelmajid Hamaroni zeigte darauf und dann auf die Palmen. „Ja", freute sich Opa, dass er verstanden hatte und versuchte gleichzeitig hinter den Kindern und dem eilig ausschreitenden Mann herzukommen, „der Brunnen, die Lebensader des Ortes. Ohne Wasser, kein Leben!" Die Wasserversorgung der Oase interessierte aber im Moment niemanden wirklich, weil alle so schnell wie möglich zu Herrn Armstrong wollten.

Im Kliprozobil angekommen, beugte sich Abdelmajid Hamaroni über Herrn Armstrong und brach in lautes Wehklagen aus. Zum Glück konnte Gagarin dank seines Übersetzungsprogramms klarmachen, dass Armstrong nur eine kleine Operation brauchte, die er jetzt sofort durchführen würde. Da leuchtete Abdelmajids Gesicht auf. „Ich hole sofort ein Kamel zum Transport", übersetzte Gagarin die Worte Abdelmajids, „Sie alle sind Gäste in meinem Haus. Shaik Armstrongs Freunde sind auch meine Freunde." Gagarin bedankte sich im Namen aller und sagte: „Ich schicke eins der Kinder, um Sie zu benachrichtigen, wenn Herr Armstrong abgeholt werden kann." „Es wird mir eine Ehre sein", verabschiedete sich Abdelmajid. „Scheich Armstrong", brummelte Gagarin, „da hat der Genosse ja schnell Karriere gemacht." Ohne auch nur einmal zu zögern, öffnete er geschickt Herrn Armstrongs Gehäuse und begann mit dem Prozessoraustausch. „Jetzt wollen wir den Herrn Scheich mal wieder aufwecken", sagte Gagarin, als der neue Prozessor an seinem Platz war. Alle drängten sich um die beiden Roboter.

Herr Armstrong kam schnell zu sich und strahlte über das ganze Monitorgesicht, als er seine Freunde erblickte.. „Cool!“, rief Albertina, „du hast ja eine neue Blinkfarbe.“ Tatsächlich: Während Herr Armstrong sich von allen umarmen ließ, leuchtete er in fröhlichem Pink. „Erzählt mir, was passiert ist, damit ich meinen Gedächtnisspeicher mit den fehlenden Ereignissen füllen kann“, bat Armstrong. Die Kinder erzählten abwechselnd. „Oh“, rief plötzlich Schnuppe, „wir sollten doch Abdelmajid Hamaroni Bescheid sagen, wenn Herr Armstrong wieder fit ist. Ich flitze schnell hin.“

Es dauerte nicht lange, bis Abdelmajid mit einem Kamel vor dem Kliprozobil erschien. Die Wiedersehensfreude war riesengroß. Armstrong hörte gar nicht auf zu blinken und Abdelmajid küsste und umarmte den Roboter pausenlos. Irgendwann hielt Albertina die Neugier nicht mehr aus und unterbrach das unverständliche Gespräch zwischen den beiden: „Kannst du nicht übersetzen, Herr Armstrong?“, bat sie. „Genau“, rief Timo, „und bitte frag den Mann doch mal, wo sein Sohn ist.“ „Welcher Sohn?“, fragte Herr Armstrong verwirrt. „Na, der kleine Junge, den du besuchen wolltest – dein Freund, wegen dem wir hergekommen sind“, entgegnete Timo, nicht weniger verwirrt. Endlich verstand Armstrong und machte eine lustige Bewegung, die fast wie eine Verbeugung in Richtung des Mannes aussah: „Darf ich vorstellen: mein alter Freund und Sternengucker Abdelmajid Hamaroni. Als ich vor 19 Jahren als Lehrlingsroboter in der Weltraumabteilung angefangen habe, war er das erste Kind, das mir anvertraut wurde.“

Land und Boden

Frage:
Wann verschwindet Grundwasser?

Es gibt Menschen, die sich an die Verhältnisse in der Wüste angepasst haben. In Oasen zum Beispiel können Menschen leben, weil sie mit tiefen Brunnen an das Grundwasser gelangen.

Das brauchst du:

* eine durchsichtige Kunststoffdose
* feinen Sand (z. B. Vogelsand oder Sand aus dem Sandkasten)
* Kieselsteine
* mehrere Stücke Papier von einer Küchenrolle
* zwei dicke durchsichtige Trinkhalme

Zur Vorbereitung:

Mit einem Klebestreifen verbindest du zwei Trinkhalme. Das soll der Brunnenschacht sein. Dann klebst du den Trinkhalm mit zwei Klebestreifen von innen an die Kunststoffdose, sodass sein unteres Ende etwa zwei Finger breit vom Boden entfernt ist.

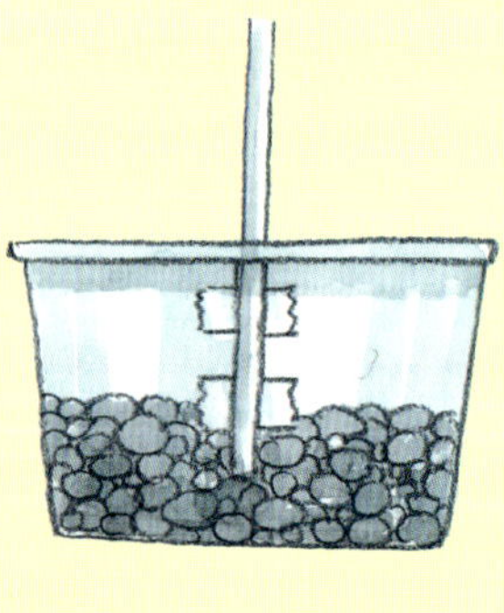

Fülle anschließend so lange Kieselsteine ein, bis sie über dem Ende des Trinkhalms stehen.

Über die Kieselsteine werden mehrere Stücke Papier von einer Küchenrolle gelegt. Achte darauf, dass das Küchenpapier den Trinkhalm gut umschließt und keine großen Lücken entstehen.

Nun wird der Sand vorsichtig auf das Küchenpapier gestreut. Wenn etwas nach unten in die Schicht Kieselsteine rieselt, ist das kein Problem. Es sollte jedoch keine zu große Menge sein.

Nun geht's los:

Zu Beginn kannst du ganz vorsichtig am Trinkhalm saugen. Klar, dass jetzt noch kein Wasser hochsteigen kann, denn unsere Wüste hat ja noch kein Grundwasser.

Gieße nun ganz langsam etwas Wasser auf den Sand und beobachte, wie er durch die verschiedenen Schichten sickert. Gib aber nicht zu viel Wasser auf einmal hinein. Das Wasser durchdringt zuerst den Sand, dann das Küchenpapier und erreicht schließlich die Kieselsteine.
Nach kurzer Zeit sieht man sehr gut, wie hoch das Wasser in der Schicht Kieselsteine steht. Wenn das Wasser hoch genug ist, kann man es mit dem Trinkhalm nach oben saugen. Ist der Wasserstand niedriger, saugt man nur Luft an.

Erklärung:

Wenn sich unsere Erde weiter erwärmt und es in Trockengebieten noch weniger Regen gibt, sinkt an vielen Stellen der Grundwasserspiegel ab. Die Menschen in diesen Gebieten müssen dann noch tiefere Brunnen bauen, um an das lebensnotwendige Wasser zu kommen. Die Wurzeln vieler Pflanzen erreichen diese Schicht nicht mehr und sterben ab.

Überleben in der Wüste

Ein Junge, den Herr Armstrong als Kind betreut hatte, war jetzt ein erwachsener Mann? Die Kinder konnten kaum glauben, dass ihr Freund schon so alt war. „Das Wort ‚alt' will ich nicht gehört haben", sagte Herr Armstrong, „ich bin zwar dienstältester, noch aktiver ESAFKI-Roboter, zähle aber mitnichten zum alten Eisen." Abdelmajid lud Herrn Armstrong und Gagarin auf ein Lastendromedar. Speziell Gagarin sah aus, als ob er tausendmal lieber zu Fuß gegangen wäre. Die Kinder konnten das gar nicht verstehen. „Ob wir auch mal auf einem Dromedar reiten dürfen?", flüsterte Timo zu Albertina und Schnuppe. Albertinas Augen leuchteten bei der Vorstellung und sie sagte verschwörerisch: „Wir fragen Herrn Armstrong, ob er das für uns einfädeln kann." Der Weg zum Haus Abdelmajids war heiß und anstrengend. „Wie halten die Menschen und Tiere das nur aus", stöhnte Opa. Herr Armstrong bekam offenbar auch auf dem Dromedar alles mit und rief von oben: „Anpassung, mein lieber Herr Pluto, Anpassung. So wie der Eisbär perfekt an das Leben im Eis angepasst ist, hat sich alles, was in der Sandwüste lebt, über einen unvorstellbar langen Zeitraum auf diese Lebensbedingungen eingestellt." Schnuppe zeigte auf Abdelmajids Kleidung und Kopfbedeckung: „So was müsstest du anhaben, Opa, dann ginge es dir bestimmt besser." Opa schaute skeptisch: „Ich glaube, ich bin zu alt, um mich an den Gedanken zu gewöhnen, in einer Art Kleid rumzulaufen, auch wenn das hier für die Männer ganz normal ist. Und als Kopfbedeckung reicht mir die Schirmmütze, die mir Timo geliehen hat." Albertina griff nach Opas Hand und sagte grinsend: „Ich wusste gar nicht, dass du so altmodisch bist, du machst doch sonst immer alles mit." Opa lachte: „Opas sind in manchen Punkten eben altmodisch. Da ist nichts zu machen." Timo war die ganze Zeit neugierig um das Dromedar herumgesprungen und platzte, als sie am Haus angekommen waren, heraus: „Bitte, Herr Armstrong, kannst du Abdelmajid fragen, ob er mich auch mal reiten lässt." Herr Armstrong rollte hinter ihrem Gastgeber her und sag-

te: „Warten Sie noch ein bisschen, mein lieber Herr Timo, Ihnen wird jeder Wunsch erfüllt werden. Die Menschen hier sind über die Maßen gastfreundlich. Aber jetzt wollen wir erst einmal zum Willkommen Tee trinken."

Es war so, wie es Herr Armstrong vorhergesagt hatte. Während ihres dreitägigen Aufenthalts in der Oase wurde den Kindern und Opa von Abdelmajid und seiner Familie jeder Wunsch von den Augen abgelesen. Sie spielten mit den anderen Kindern aus der Oase und lernten das kleine Dorf und seine Umgebung gut kennen.

Abends saßen sie unter dem unendlich weiten und klaren Sternenhimmel. Da konnte sich jeder gut vorstellen, wie Abdelmajid zum Sternenbeobachter geworden war. „Klingt es nicht unglaublich, dass die Sahara mehr als 25-mal so groß ist wie Deutschland?", fragte Opa und steckte sich genießerisch noch eine Dattel in den Mund. „Echt?", fragte Schnuppe ungläubig. „Ja", erklärte Herr Armstrong, „allerdings macht die Sandwüste nur einen kleinen Teil aus. Das größte Stück ist Felswüste." „Wie viele Wüstenarten gibt's denn noch", fragte Albertina. „Kennengelernt hast du jedenfalls außer der Sandwüste schon die Eiswüste", sagte Opa. „Ganz richtig, lieber Herr Pluto", ergänzte Herr Armstrong, „tatsächlich sind die Sand- und die Eiswüsten beides Trockenwüsten. Der trockenste Punkt der Erde, an dem die wenigsten Niederschläge fallen, liegt nicht etwa in der Sahara, sondern in der Antarktis." Abdelmajid kam strahlend zu seinen Gästen und redete auf Herrn Armstrong ein. Der blinkte vor Freude: „Ich schlage den Herrschaften vor, zeitig ins Bett zu gehen. Wie ich soeben von Herrn Abdelmajid erfahren habe, brechen wir morgen in aller Frühe zu einem kleinen Ausflug in die Wüste auf."

Klima und Wetter

Frage:

Die unechte Rose von Jericho

Das Klima der Erde hat sich im Laufe der Millionen von Jahren immer wieder verändert. Pflanzen, Tiere und Menschen haben sich darauf einstellen und anpassen müssen. Ein Weltmeister einer solchen Anpassung ist die „unechte Rose von Jericho“. Sie kommt in Wüstengebieten vor, wo es manchmal mehrere Jahre nicht regnet. Schau dir diese wundersame Pflanze mal genauer an.

Das brauchst du:

- eine „unechte Rose von Jericho“ (bekommst du in Gärtnereien. Die echte Rose von Jericho [Anastatica hierochuntica] ist im Handel kaum zu erhalten)
- einen großen Teller
- eine Lupe
- kaltes Wasser

Nun geht's los:

Lege die „unechte Rose von Jericho“ auf einen Teller und begieße sie mit Wasser. Nun musst du ca. zwei Stunden warten. Betrachte anschließend die Pflanze mit der Lupe.

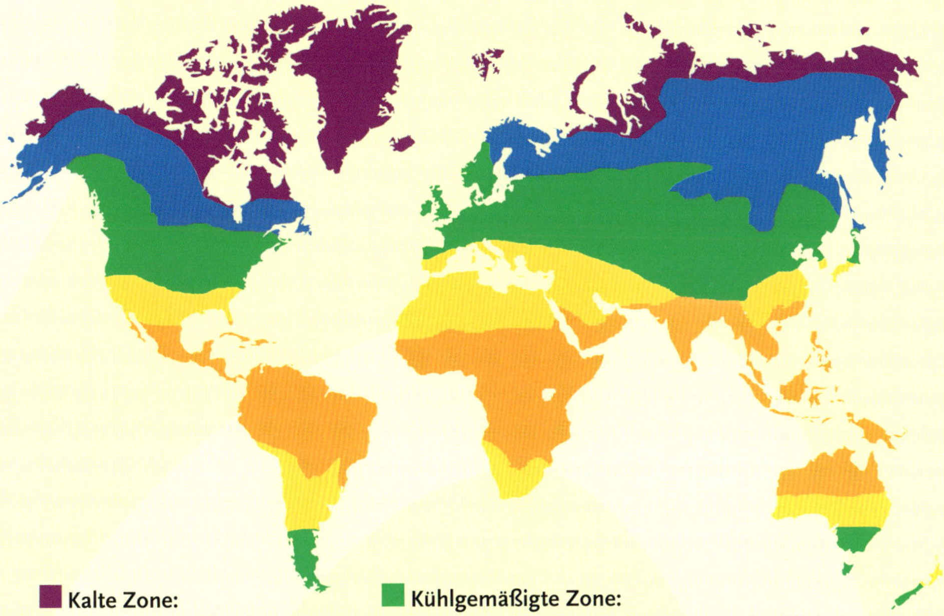

Kalte Zone:
Die Sommer sind kühl und kurz, die Winter äußerst kalt. Es gibt kaum Schnee- und Regenfälle.

Kaltgemäßigte Zone:
Die Sommer sind warm und kurz, die Winter sehr kalt. Niederschläge gibt es das ganze Jahr.

Kühlgemäßigte Zone:
Ausgeprägte Jahreszeiten mit unterschiedlichen Niederschlägen. Warme Sommer und kühle Winter.

Warmgemäßigte Zone:
Hier sind die Sommer sehr heiß und trocken, die Winter mild. In den Wüstengebieten regnet es kaum.

Heiße Zone:
Das ganze Jahr über ist es hier sehr heiß und es regnet am Äquator sehr viel.

Erklärung:

Die „unechte Rose von Jericho" gehört zur Familie der Moosfarne und wächst in den Wüsten in Nord- und Mittelamerika. Bei langen Trockenperioden rollt sich die Pflanze zusammen und wird oft vom Wind herumgetragen. Wenn Regen fällt, dehnen sich die Äste und Blättchen wie ein Schwamm langsam aus und die Pflanze kann sich entfalten.
Dabei werden ihre Sporen freigesetzt. Diesen Prozess kann die „unechte Rose von Jericho" zwar mehrfach wiederholen, die Wiederbelebung ist jedoch nur ein oder zwei Mal möglich. Später dehnt sich das Gewächs wie ein trockener Schwamm immer wieder aus.
Man kann die Pflanze bis zu einer Woche im Wasser lassen, dann sollte sie mindestens zwei Wochen getrocknet werden, sonst beginnt sie zu schimmeln.

Die Karawane

Vor Aufregung konnte Timo kaum einschlafen. Sein Traum ging in Erfüllung: Sie würden mit Dromedaren durch die Wüste reiten. Am nächsten Morgen schlang Abdelmajid allen zum Schutz vor der Hitze kunstvoll Tücher um den Kopf. Sogar Opa hatte diesmal nichts dagegen. Das Reiten auf den Dromedaren war gar nicht so einfach, aber lustig – ganz anders als auf Pferden. Es gab keine Steigbügel, die Füße ruhten nackt auf dem Hals des Tieres. Albertinas Dromedar lief immer ein bisschen schneller, wenn sie es mit den Zehen kitzelte. Opa war allerdings nicht sonderlich begeistert: „Es schaukelt so schrecklich“, meinte er, als sie eine Pause machten. „Das liegt an der Gangart der Dromedare“, erklärte Herr Armstrong, „Passgang heißt sie und ermöglicht die Fortbewegung auch im tiefen, weichen Sand.“ Herr Armstrong erzählte noch viel mehr von der perfekten Anpassung der Dromedare an die Wüste, etwa dass sie in zehn Minuten 100 bis 150 Liter Wasser trinken und in ihrem Magensystem einlagern können. „Das ist so viel wie 150 Flaschen Sprudel und reicht für zwei Wochen“, erläuterte er gerade, als Schnuppe fragte: „Ich dachte, das Wasser würde in den Höckern gelagert!“ Armstrong verneinte: „Nein, die Höcker dienen der Fettreserve. Bis zu einem Monat können Kamele und Dromedare davon zehren, ohne neue Nahrung aufnehmen zu müssen.“ Timo hatte die Umgebung erkundet und kam aufgeregt zu ihnen gelaufen: „Schaut mal da vorne. Da sind ganz merkwürdige Spu-

ren im Sand.“ Abdelmajid erklärte ihm mit Armstrongs Hilfe, dass so Spuren von Schlangen aussähen. „Aber keine Angst, Schlangen haben viel mehr Angst vor uns als wir vor ihnen. Wenn man sie nicht ärgert, fliehen sie vor den Menschen.“ Nach einem kleinen, köstlichen Imbiss und dem unvermeidlichen Tee wollten sie weiterziehen. Warmer Wind kam auf und trieb Sand vor sich her. Abdelmajid zeigte ihnen, wie sie den Stoff der Kopfbedeckungen zum Schutz vor den Sandkörnchen vor ihr Gesicht ziehen konnten. „Wie halten die Dromedare das denn aus, wenn der Wind noch stärker ist?“, fragte Schnuppe, aber Timo zeigte ihm die langen Wimpern der Tiere, mit denen ihre Augen gut vor dem fliegenden Sand geschützt wurden. „Herr Armstrong hat gesagt, dass sie sogar die Nasenlöcher verschließen können.“ Opa beäugte sorgenvoll die endlosen, welligen Sandflächen vor ihnen: „Müssen wir Angst vor einem Sandsturm haben?“ Herr Armstrong besprach sich kurz mit Abdelmajid und verneinte dann: „Unser Gastgeber ist sich sicher, dass kein Sandsturm aufzieht. Dies ist nur eine mäßige Brise. Seien Sie unbesorgt, wie alle Bewohner der Sandwüste kennt er sich mit den hier herrschenden Winden und den Anzeichen von Sandstürmen gut aus.“ Dennoch ging Herr Armstrong auf Nummer sicher und ließ sich gut in eine Packtasche verstauen. Er wollte auf keinen Fall das Eindringen von Sandkörnern in sein Gehäuse riskieren. Gagarin war aus diesem Grund von vornherein in der Oase geblieben. Wie die Kinder enttäuscht nach dem Ende ihres Ausflugs feststellten, hatte er dort ihren Heimflug vorbereitet. „Ich will aber noch bleiben“, verkündete Albertina wütend. Opa lächelte sie an: „Kannst du auch – genau bis morgen früh. Dann geht’s endgültig nach Hause.“ Schnuppe wollte gerade protestieren, als Opa sagte: „Oder wollt ihr, dass eure Eltern Kleinholz aus mir machen, weil ihr nicht zu Hause seid, wenn die Schule übermogen wieder losgeht?“

Himmel und Luft

Frage:
Wann bekommt Luft dicke Backen?

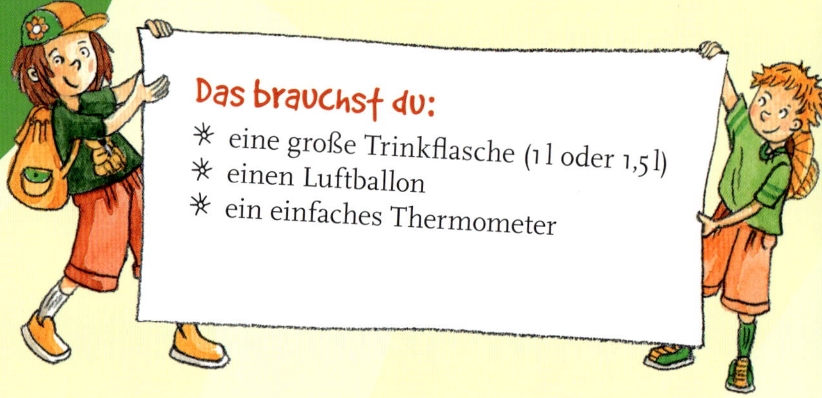

Das brauchst du:

* eine große Trinkflasche (1 l oder 1,5 l)
* einen Luftballon
* ein einfaches Thermometer

Zur Vorbereitung:

Spüle die Flasche erst mit etwas Wasser aus und trockne sie gründlich ab. Nun blase den Luftballon etwas auf und stülpe ihn über den Flaschenhals. Das ist ziemlich knifflig, daher sollte dir jemand helfen.

Nun geht's los:

Mit diesem Versuch wollen wir prüfen, ob sich Luft bei Erwärmung ausdehnt oder zusammenzieht. Mit dem Luftballon, der die Flasche oben dicht abschließt, gehen wir sicher, dass keine Luft entweichen kann.
Zu Beginn stellen wir die Flasche direkt in die Sonne oder im Winter auf einen Heizkörper. Das Thermometer stellen wir gleich daneben. Schau dir nach einer halben Stunde den Ballon genau an. Wie groß ist er? Wie viele Finger breit ist er?
Nun kommt der zweite Teil des Experiments. Leg die Flasche mit dem Ballon zusammen mit dem Thermometer in das Gefrierfach eures Kühlschranks. Jetzt musst du noch einmal eine halbe Stunde warten. Vermutlich bist du gespannt, wie der Ballon nun aussieht.
Was stellst du anschließend fest?

Hier steht die Flasche auf dem Heizkörper. Das Thermometer kann ca. 30 °C oder mehr anzeigen.

Diese Flasche kommt gerade aus dem Gefrierfach, wo es in der Regel ca. -18 °C kalt ist.

Erklärung:

Luft besteht aus vielen kleinen Teilchen, den Molekülen. Sie bewegen sich schneller, wenn die Luft erwärmt wird und sind langsamer bei kalter Luft.
Wenn wir uns die Moleküle mal als kleine Männchen vorstellen, die in einem Zimmer sind, kann man das ganz gut verstehen. Wenn die Männchen bei Wärme schnell im Zimmer herumflitzen, brauchen sie mehr Platz, weil sie sich auch immer gegenseitig stoßen. Wenn es kalt ist, bewegen sich die Männchen sehr langsam und brauchen dann auch nicht mehr so viel Platz. Daher lässt der Luftballon im Bild etwas seinen Kopf hängen, denn die Luft hat sich im Gefrierfach zusammengezogen.

Von einfachen Hütten und Energiesparlampen

Schlecht gelaunt ließ sich Schnuppe am nächsten Morgen auf seinen Sitz im Kliprozobil fallen. Ferienende! Das hatte er komplett aus den Augen verloren. Opa rief nach Timo, der es einfach nicht schaffte, sich von „seinem“ Dromedar zu verabschieden. Erst als ihn alle gemeinsam riefen, kam er langsam und traurig zum Kliprozobil. An seiner Seite ging ihr neuer Freund Abdelmajid Hamaroni und hatte tröstend die Hand auf Timos Schulter gelegt. „Kommt und besucht mich wieder, meine Freunde. Mein Haus steht euch jederzeit offen“, rief er ihnen zum Abschied zu und Herrn Armstrongs Stimme schien bei der Übersetzung seltsam belegt zu klingen.

Traurig und schweigsam saßen die Klima-Forscher auf ihren Sitzen, während sie immer schneller in den Himmel stiegen. Plötzlich kam Herr Armstrong in allen Farben blinkend zu ihnen gerollt. „Herrschaften Klima-Forscher, es gibt gute Nachrichten. Soeben hat mir Senhora Ronaldo mitgeteilt, dass ihr Stück Regenwald zum Naturschutzgebiet erklärt wurde. Die Rodungstrupps des Goldminenbetreibers mussten abziehen und der Wald gehört wieder Senhora Santanos Affen.“ Opas Gesicht war rot vor Freude, als er am lautesten von allen „Hurra!“ rief. Herr Armstrong versuchte sich im allgemeinen Jubel Gehör zu verschaffen: „Senhora Santano hat weiterhin ausrichten lassen, dass sie uns alle für die nächsten Ferien zu sich einlädt, wenn wir nichts dagegen hätten, die Bequemlichkeit unserer Häuser gegen die schlichte Ausstattung ihrer einfachen Holzhütten einzutauschen.“

Nach diesen Neuigkeiten konnte nun wirklich keiner mehr traurig sein. Zu gern wollten die Kinder auf elektrisches Licht, warmes Duschen und Toast zum Frühstück verzichten, um die abenteuerliche Welt des Regenwaldes erleben zu können. Erst als sie darüber sprachen, fiel ihnen auf, wie viele Geräte sie zu Hause ständig benutzten, die einen Stecker hatten, also Strom brauchten. „An diese Bequemlichkeit sind wir gewöhnt“, meinte Opa, „zum Beispiel, dass wir jederzeit warmes Wasser haben. Weil es einfach aus der Leitung kommt, vergessen wir oft, dass es wertvoll ist und Energie kostet.“ Herr Armstrong blinkte zustimmend: „Und weil die reiche Welt so einen großen Hunger nach Energie hat, um all die Geräte und Autos und Flugzeuge zu betreiben, verbraucht sie viel Öl und Kohle zur Energiegewinnung. Dadurch belastet sie die Atmosphäre mit Treibhausgasen wie CO_2. Das wiederum trägt zur Erderwärmung bei, in deren Folge Dürren und Stürme zunehmen.“ Albertina sagte kämpferisch: „Aber da muss man doch was tun können!“ „Na klar“, sagte Opa, „ich glaube, etwas ganz Wichtiges ist zum Beispiel, dass wir lernen, nicht unnötig Energie zu verschwenden.“ Albertina fiel sofort ein Beispiel ein: „Wie zum Beispiel mit alten Glühbirnen. Papa hat gesagt, die sind blödsinnige Stromschlucker. Wir haben in der ganzen Wohnung Energiesparlampen, die sind genauso hell, brauchen aber viel weniger Energie.“ Herr Armstrong blinkte zustimmend. „Mit einem kleinen Versuch kann ich Ihnen veranschaulichen, dass alte Glühlampen Energieverschwender sind.“

Mit Licht fängt es an

Frage:

Warum sind Glühlampen Energievergeuder?

Vor über 130 Jahren hat der Amerikaner Thomas Alva Edison die Glühlampe erfunden. Sie war lange Jahre ein einfaches und günstiges Leuchtmittel. Die Glühlampe wird jedoch immer mehr von der Energiesparlampe abgelöst. Warum das so ist, kannst du hier selbst klären.

Das brauchst du:

- zwei Tischlampen oder Schreibtischlampen
- eine Energiesparlampe und eine Glühlampe mit gleicher Lichtstärke (Beispiel: eine Glühlampe mit 40 Watt Leistung erzeugt die gleiche Helligkeit wie eine Energiesparlampe mit 7 Watt Leistung)

GLÜHLAMPE	ENERGIESPARLAMPE
25 WATT	5 WATT
40 WATT	7 WATT
60 WATT	11 WATT

Hinweis: Diesen Versuch bitte nur mit einem Erwachsenen durchführen!

Zur Vorbereitung:

Zuerst muss man prüfen, dass die Stecker der beiden Lampen herausgezogen sind. Wenn nötig, entferne nun vorsichtig die Lampenschirme. Schraube die Energiesparlampe und die Glühlampe in die Fassungen. Sie müssen dazu beide gleich kalt sein.

Nun geht's los:

Stelle beide Lampen nebeneinander. Schalte sie gleichzeitig an und halte deine Hände über die Lampen, berühre sie aber nicht. Bei welcher Lampe spürst du zuerst eine große Wärme?

Achtung! Nach kurzer Zeit wird eine der beiden Lampen schnell heiß. Verbrennungsgefahr!

Erklärung:

Um etwas zum Leuchten zu bringen, zu erwärmen oder zu bewegen, braucht man Energie. Bei einer Lampe wird also auch Energie benötigt. Dort wird sie aber nicht ganz in Licht umgewandelt. Stell dir das vereinfacht so vor:
Ein Lastwagen transportiert Energie zur Glühlampe. Dort wird sie auf zwei andere Lastwagen umgeladen. Der eine Lastwagen bekommt die Energie für die Wärme, der andere Lastwagen die für das Licht. Leider ist es bei der normalen Glühlampe so, dass der Lkw mit der Wärme viel stärker beladen wird als der Lastwagen für das Licht. Das ist schlecht, weil man ja viel Licht aus der Lampe holen will.
Bei einer Energiesparlampe ist es anders. Sie wird daher nicht so heiß, weil der Lastwagen für das Licht viel stärker beladen wird.

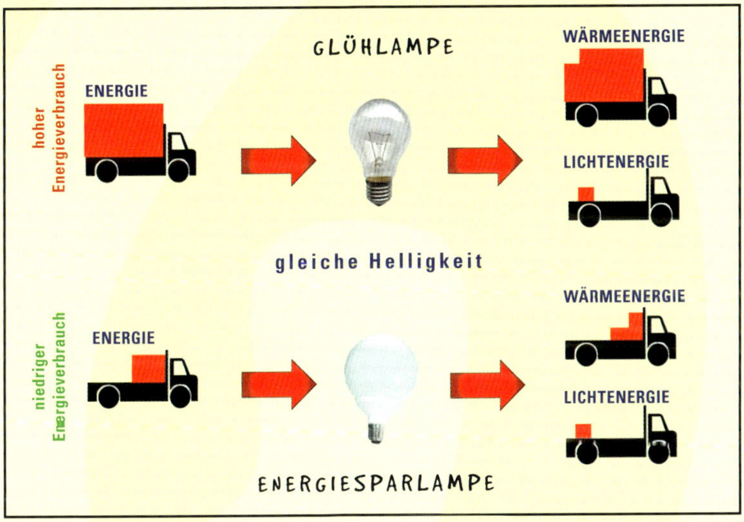

Anhand dieses Schaubilds kannst du sehen, dass beide Lampen die gleiche Portion Lichtenergie bekommen. Die normale Glühlampe braucht jedoch als Zulieferung viel mehr Energie, weil sie zu viel an Wärmeenergie verliert.

Gute Energiesparlampen können einige tausend Stunden betrieben werden, bevor sie kaputt gehen. Doch Achtung! Defekte Energiesparlampen gehören nicht in den Hausmüll, sondern müssen zu einer Sammelstelle gebracht werden. In manchen Landkreisen kommt mehrmals im Jahr auch ein Schadstoffmobil vorbei und nimmt die alten Lampen mit. Sie enthalten nämlich geringe Mengen Quecksilber, das nicht in die Umwelt gelangen darf. Also merk dir: Ist die Lampe kaputt, kommt sie nicht auf den Schutt!

Heimkehr mit Sonne und Wind

„Herr Armstrong“, sagte Schnuppe nach einigem Nachdenken, „das Kliprozobil verbraucht aber doch auch Energie, sonst könnten wir ja gar nicht fliegen.“ Gagarin schaute gerade aus dem Cockpit hinten vorbei und sagte: „Genosse Armstrong, deine kleinen Klima-Forscher sind mächtig schlau.“ Herr Armstrong grinste und bewegte seinen Greifarm auf Gagarin zu: „Jetzt unterbrich nicht dauernd, sonst schalte ich dich ab, um Energie zu sparen, du Stromfresser!“ Gagarin lachte. „Seit ihr ihm beigebracht habt, Witze zu machen, ist der Genosse Kollege ein bisschen frech geworden. Aber Schnuppe hat recht. Auch das Kliprozobil frisst Energie – und das nicht zu knapp, aber ...“ „Aber“, nahm Herr Armstrong stolz den Faden auf, „unser Kliprozobil funktioniert durch seine moderne Technik mit Sonnen- und Windenergie.“ „Aber das ist doch auch Energie“, beharrte Schnuppe. „Ganz recht“, erklärte Herr Armstrong, „aber eine Sorte Energie, die das Klima nicht belastet. Mit unseren Sonnenkollektoren sammeln wir Energie ein, die einfach zur Verfügung steht, wenn die Sonne scheint. Sie muss nicht aus der Erde gefördert werden und, um ihre Kraft zu nutzen, verbrannt werden wie Kohle oder Öl.“ Gagarin war genauso begeistert von der technischen Ausstattung des Kliprozobils wie Herr Armstrong: „Außerdem nutzen wir noch die Windenergie, indem wir unsere Rotorblätter auch als Windräder einsetzen.“ Opa nickte: „Das ist natürlich toll. Moderne Technik zu nutzen, ist auch

eine gute Möglichkeit, dem Klima zu helfen. Aber was macht ihr, wenn ihr weder Wind noch Sonne habt?" „Na ja", antwortete Herr Armstrong etwas kleinlaut, „für diesen Fall nutzen wir dann ganz normalen Flugzeugtreibstoff, den wir auch dabeihaben." „Dann ist das im Kliprozobil ja wie in Deutschland", stellte Opa fest. „Wir versuchen, Energieformen zu entwickeln und zu benutzen, die dem Klima weniger schaden, brauchen aber noch die anderen Energiequellen." Da ertönte der Gong. Offenbar stand das Kliprozobil kurz vor der Landung. Albertina rief Herrn Armstrong, der schon halb im Cockpit verschwunden war, noch mal zurück: „Sag mal, Herr Armstrong, vielleicht gibt es ja noch mehr Sachen als Energiesparlampen zu nutzen, die wir tun können, um das Klima der Erde zu schützen." Herr Armstrong blinkte und strahlte: „So kenne ich Frau Albertina. Immer die richtige Frage zur richtigen Zeit. Zufällig habe ich eine kleine Zusammenstellung von Prima-Klima-Tipps ausgearbeitet." „Wer hat's gemacht, Genosse Kollege?", kam die Frage aus dem Cockpit. „Ähem", verbesserte sich Herr Armstrong, „‚Wir' meinte ich natürlich. Wir, der Kollege Gagarin und ich, haben da eine kleine Zusammenstellung ausgearbeitet…" Gagarin fuhr die Flugzeugflügel ein und schaltete die Rotorblätter an: „Allerdings hatte Genosse Armstrong allein die famose Idee", meinte er großzügig, „aus der langweiligen Liste mit den Prima-Klima-Tipps ein Spiel zu machen." Armstrongs Drucker schnurrte und spuckte ein großes Blatt aus. Schnuppe saß am nächsten und griff danach. „Hey, Herr Armstrong, das ist ja wirklich ein echtes Spiel. Ich wusste gar nicht, dass du so was auch kannst." Herr Armstrong blinkte überaus zufrieden: „Wir freuen uns, wenn es Ihnen gefällt! Bitte nun die Sicherheitsgurte anlegen und die Rückenlehnen hochklappen. Und darf ich erwähnen, dass wir Ihren Eltern bislang nichts von Herrn Timos Rettungseinsatz, den Waldarbeitern und dem Tornado berichtet haben." Opa sagte: „Hab ich's mir doch fast gedacht. Sonst hätten sie uns bestimmt mit besorgten Nachrichten bombardiert." Albertina kicherte vor Erwartungsfreude: „Na, die werden staunen, was man als Klima-Forscher so alles erleben kann!"

Was tun?

Frage:
Wie kann man mit Sonne heizen?

Im Sommer wird ein schwarzes Auto, das in der Sonne steht, schneller heiß als ein weißes. Diesen Effekt nutzt man in Sonnenkollektoren, um kaltes Wasser zu erwärmen und dadurch Öl und Gas zu sparen. Wie aber funktioniert so ein Sonnenkollektor?

Das brauchst du:

- zwei leere Tetra-Paks (z. B. für Milch oder Saft)
- wasserlösliche, gut haftende Farbe (z. B. Plakafarbe) weiß und schwarz
- Wasser

Zur Vorbereitung:

Eine der beiden Getränkeverpackungen wird auf den Außenseiten und oben mit schwarzer, die andere mit weißer Farbe angemalt. Lass die Farbe gut trocknen.

Bitte beachte, dass der Versuch nur bei Sonnenschein und warmen Temperaturen durchgeführt werden kann.

Nun geht's los:

Fülle beide Verpackungen mit kaltem Wasser aus der Wasserleitung auf. Achte darauf, dass sie die gleiche Temperatur haben.
Stelle nun beide Verpackungen nebeneinander an einen windstillen Ort in die Sonne. Damit die Sonne auf beide Behälter gleich viel Licht abgeben kann, sollten die großen Vorderseiten zur Sonne hin ausgerichtet sein.
Warte etwa ein Stunde. Öffne dann den Verschluss der beiden Getränkepackungen und gieße dir das Wasser zuerst aus der weißen, dann aus der schwarzen Verpackung über die Hand. Vergleiche die Temperatur.

Erklärung:

Schwarze Oberflächen nehmen das Licht der Sonne fast vollständig auf, während weiße Oberflächen einen großen Teil des Lichts wieder zurückwerfen (reflektieren). Auf der Oberfläche wird Licht in Wärme umgewandelt, die das Wasser erwärmt.
Und weil die schwarze Oberfläche mehr Licht aufnimmt und damit auch mehr Wärme entsteht, ist auch das Wasser im schwarzen Getränkekarton stärker aufgeheizt worden.

Ein Sonnenkollektor funktioniert nach einem ähnlichen Prinzip: Man lässt Wasser durch Rohre hindurchfließen, die mit einer Metallplatte verbunden sind. Rohre und Platte sind schwarz angestrichen und auf dem Dach der Sonne ausgesetzt. Durch eine Glasabdeckung wird – wie bei einem kleinen Gewächshaus – die Wärme noch stärker zurückgehalten. Das erwärmte Wasser kann man dann zum Heizen oder zum Erwärmen von Duschwasser verwenden.
Eigentlich ist auch unsere Erde eine Art Sonnenkollektor. Wenn Licht auf Eis trifft, wird es zum großen Teil wieder reflektiert. Daher blendet uns die Sonne auch so stark, wenn wir in einer Schneelandschaft sind. Strahlt die Sonne jedoch auf dunkles Erdreich oder Gestein (z. B. Granit oder Lava), so erwärmen sich diese sehr stark und damit auch die darüberliegende Luft.

Lightcycle
Retourlogistik und Service GmbH

Was macht Lightcycle

Mit der gesetzlichen Verpflichtung der Hersteller zur Rücknahme und Entsorgung von Gasentladungslampen im März 2006 wurde die **Lightcycle Retourlogistik und Service GmbH**, München, als Gemeinschaftsunternehmen der Lampenhersteller gegründet.

Als **Non-Profit-Unternehmen** organisiert Lightcycle deutschlandweit die Rücknahme ausgedienter Energiesparlampen und Leuchtstoffröhren umweltschonend und kostenoptimiert über vertragliche Abgabestellen, kommunale Wertstoffhöfe und durch direkte Abholung. So können die Rohstoffe dieser Art von Lampen in Recyclinganlagen wieder aufbereitet werden.

Lightcycle schickt „klima on… s’cooltour“ auf die Reise

Die Aufklärung der Öffentlichkeit über die Altlampenentsorgung ist eine weitere Aufgabe des Unternehmens. Um vor allem auch die junge Generation über dieses Thema zu informieren und gleichzeitig für den Klima- und Umweltschutz zu gewinnen, schickt Lightcycle die „klima on... s'cooltour 2009“, eine Bildungsinitiative zum Klimawandel, auf die Reise.

Prominente Unterstützung erfährt die „klima on... s’cooltour 2009“ durch das Bundesministerium für Bildung und Forschung, das Umweltbundesamt, den Deutschen Städtetag, die Deutsche Umwelthilfe, die Verbraucherzentrale NRW, den Europa-Park, das Science House im Europa-Park, den Zentralverband des Deutschen Elektrohandwerks (ZVEH), den Westermann-Verlag und durch Germanwatch.

Foto: Ronald Zimmermann

Informationen über Lightcycle und die Entsorgung ausgedienter Energiesparlampen unter **www.lightcycle.de**

Lightcycle
Retourlogistik und Service GmbH
Landsberger Straße 155
Haus 2, 80687 München
Tel. +49 (0)89 5 79 59-123

SAUBERES LICHT. SAUBER RECYCELT.

Der Umwelt zuliebe Energiesparlampen nutzen und richtig entsorgen.

„klima on… s'cooltour 2009" – spannende Experimente und faszinierende Bilder aus dem All

Mit packenden Aktionen für die Klassen 3 bis 13 kommt die „klima on… s'cooltour 2009" unter der Schirmherrschaft von Prof. Dr. Annette Schavan, Bundesministerin für Bildung und Forschung, an Deutschlands Schulen. Spannende Experimente und tagesaktuelle Bilder aus dem All sollen junge Menschen für den Klimaschutz begeistern.

„Die Projekte der s'cooltour vermitteln altersgerecht und auf Grundlage der aktuellen wissenschaftlichen Ergebnisse die komplexen Zusammenhänge des Klimawandels und rufen zur Nachhaltigkeit im eigenen Handeln auf", fasst Prof. Dr. Annette Schavan in ihrem Grußwort das Ziel dieser mobilen Bildungsinitiative zusammen.

„Da geht Euch ein Licht auf: Wie kommt der Wirbel in den Sturm? Warum geht es den Eisbären beim Klimawandel an den Pelz und wie können wir sie retten? Fragt Euch schlau bei den Experten der „klima on… s'cooltour". Mit spannenden Experimenten und Live-Aufnahmen aus dem Weltall kommen sie auch in Eure Schule."

Euer Willi Weitzel

Neugierig wie Willi Weitzel, Starreporter der Sendung „Willi wills wissen"

Informieren und anmelden unter:
info@scooltour.info
Telefon: 0800 5444 829 (gebührenfrei)

www.scooltour.info

Foto: Joachim Lerch

klima on…
s'cooltour
2009

Klimamobil unterwegs in Deutschlands Schulen

Foto: Ronald Zimmermann

Das **Klimamobil** von Science Concepts bringt spannende Experimente und interaktive Exponate ins Klassenzimmer (für 3. und 4. Klassen). Durch eigenes Forschen und Ausprobieren begreifen Kinder Naturphänomene über alle Sinne und werden so spielerisch in das komplexe Thema „Klimawandel" eingeführt.

Foto: Ronald Zimmermann

Klimaexpedition: Live-Schaltung ins Weltall

Mit faszinierenden LIVE-Bildern aus dem Weltall gehen Umweltpädagogen von **Germanwatch** mit Schülern (ab der 5. Klasse) auf **Klimaexpedition.** Sie diskutieren mit ihnen Ursachen und Folgen der Klimaveränderungen und zeigen auf, wie jeder Einzelne in seinem Lebensumfeld zum Klimaschutz beitragen kann.

Die „klima on... s'cooltour 2009" bietet kurzweilige Unterrichtsstunden mit nachhaltigem Wissenszuwachs.

Weitere Informationen zum Klimamobil und der Klimaexpedition sowie zur Anmeldung erhalten Sie unter

www.scooltour.info

Fotos: Martin Fliegner (WAZ)

Projektwettbewerb „klima on… s'cooltour 2008/09"

50 Teams mit mehr als 3.000 Schülern aus ganz Deutschland hatten beim Projektwettbewerb der „klima on… s'cooltour 2008/09" mitgemacht. Den ersten Preis, ein exklusives Schulkonzert mit der Popgruppe JULI, sicherte sich die Valentin-Traudt-Schule aus Kassel. Unter anderem hatten die Schüler Bäume und Sträucher gepflanzt, eine Schmetterlingswiese angelegt, eine Solartankstelle und ein Modell ihrer Wunschstadt „Utopia" gebaut und ihre Arbeiten mit einem Klima-Rap dokumentiert.

Glückwünsche für die engagierten Klimaschützer aus Kassel gab es auf der Feier zur Preisverleihung in Hannover, unter anderem von Starreporter Willi Weitzel (Bild oben, links) aus der Sendung „Willi wills wissen", und dem Jury-Vorsitzenden der s'cooltour, dem renommierten Klimaforscher Prof. Dr. Mojib Latif (Bild oben, rechts).

Autogrammstunde mit JULI für die Gewinner.

JULI spielt exklusiv für die s'cooltour-Gewinner.

Fotos auf dieser Seite: Ronald Zimmermann

Informieren, mitmachen, gewinnen …

unter www.scooltour.info …

- findest Du viele Informationen über spannende Aktionen der s'cooltour 2009
- bekommst Du jede Menge Tipps, was Du für den Klimaschutz tun kannst …
- kannst Du beim Gewinnspiel mitmachen und jeden Monat heiße Preise gewinnen, z.B. coole T-Shirts, Caps und vieles andere mehr …

Schau einfach immer wieder ins Internet, um zu sehen, was es Neues gibt.

klima on… s'cooltour 2009

ESA ist die Abkürzung für „European Space Agency“,

also die Europäische Weltraumorganisation. Ihre Aufgabe ist die Entwicklung und Durchführung eines gemeinsamen europäischen Weltraumprogramms.

Seit über 30 Jahren arbeiten die Mitgliedstaaten der ESA (mittlerweile sind es 18 europäische Länder) zusammen, um gemeinsam neue Wege zur Erforschung des Universums zu eröffnen, zukunftsweisende Technologien zu entwickeln und eine weltweit wettbewerbsfähige Industrie aufzubauen.

Die ESA-Programme in den Bereichen Weltraumforschung, Trägerraketen, Telekommunikation, Erdbeobachtung und bemannte Raumfahrt zeigen Europas großes Können und wirken sich auf viele Bereiche des täglichen Lebens positiv aus.

ESA-Satelliten umkreisen die Erde, den Mars, die Venus oder fliegen zu weit entfernten Kometen.

Du möchtest mehr über die Arbeit der ESA wissen? Dann schaue im Internet unter www.esa.int/esaKIDSde. Hier findest du alle Infos und tolle Bilder zu den Themen Universum, Weltraum, Erde und Raumfahrt.